十四个集中连片特困区
中药材精准扶贫技术丛书

新疆南疆三地州
中药材生产加工适宜技术

总主编　黄璐琦
主　编　李晓瑾　石书兵　徐建国

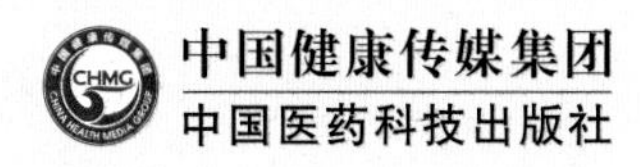

内容提要

本书为《十四个集中连片特困区中药材精准扶贫技术丛书》之一。本书分总论和各论两部分：总论介绍新疆南疆三地州自然环境特点、中药资源及栽培概况、病虫害防治方法、相关中药材产业发展政策及经济效益分析；各论选取新疆南疆三地州优势和常种的29个中药材种植品种，每个品种重点阐述植物特征、资源分布概况、生长习性、栽培技术、病虫害防治、采收加工、质量标准、仓储运输、药材规格等级、药用食用价值等内容。

本书可供从事中药材产业科研、生产的相关人员、高等院校作物栽培学专业师生和中药材种植爱好者参考使用，还可作为新疆南疆三地州的各级政府相关人员、扶贫科研技术人员和种植大户的区域性中药材生产加工的指导用书。

图书在版编目（CIP）数据

新疆南疆三地州中药材生产加工适宜技术 / 李晓瑾，石书兵，徐建国主编．—北京：中国医药科技出版社，2021.11

（十四个集中连片特困区中药材精准扶贫技术丛书 / 黄璐琦总主编）

ISBN 978-7-5214-2511-6

Ⅰ．①新…　Ⅱ．①李…　②石…　③徐…　Ⅲ．①药用植物—栽培技术　②中药加工　Ⅳ．① S567　② R282.4

中国版本图书馆 CIP 数据核字（2021）第 100366 号

审图号：GS（2021）2514 号

美术编辑　陈君杞
版式设计　锋尚设计

出版　**中国健康传媒集团 | 中国医药科技出版社**
地址　北京市海淀区文慧园北路甲 22 号
邮编　100082
电话　发行：010-62227427　邮购：010-62236938
网址　www.cmstp.com
规格　710×1000mm　1/16
印张　14 1/8
彩插　1
字数　332 千字
版次　2021 年 11 月第 1 版
印次　2021 年 11 月第 1 次印刷
印刷　北京盛通印刷股份有限公司
经销　全国各地新华书店
书号　ISBN 978-7-5214-2511-6
定价　68.00 元

获取新书信息、投稿、为图书纠错，请扫码联系我们。

编 委 会

总主编　黄璐琦

主　编　李晓瑾　石书兵　徐建国

副主编　张际昭　曹　健　樊丛照

编　者（以姓氏笔画为序）

王　凯　（新疆农业大学农学院）

王玉娇　（新疆农业大学农学院）

王果平　（新疆维吾尔自治区中药民族药研究所）

石书兵　（新疆农业大学农学院）

朱　军　（新疆维吾尔自治区中药民族药研究所）

刘　冲　（新疆农业大学农学院）

孙　鹏　（奎屯市农业农村局）

李　鹏　（新疆农业大学农学院）

李俊志　（新疆农业大学农学院）

李晓瑾　（新疆维吾尔自治区中药民族药研究所）

邱远金　（新疆维吾尔自治区中药民族药研究所）

张际昭　（新疆维吾尔自治区中药民族药研究所）

张金汕　（新疆农业大学农学院）

罗四维　（新疆农业大学农学院）

庞市宾　（新疆维吾尔自治区卫生健康委员会）

赵亚琴　（新疆维吾尔自治区中药民族药研究所）

贾永红　（新疆农业科学院奇台麦类试验站）

徐建国　（新疆维吾尔自治区中药民族药研究所）

唐江华　（新疆农业大学农学院）

曹　健　（新疆农业大学经贸学院）

程　蒙　（中国中医科学院中药资源中心）

樊丛照　（新疆维吾尔自治区中药民族药研究所）

序

“消除贫困、改善民生、实现共同富裕，是社会主义制度的本质要求。”改革开放以来，我国大力推进扶贫开发，特别是随着《国家八七扶贫攻坚计划（1994—2000年）》和《中国农村扶贫开发纲要（2001—2010年）》的实施，扶贫事业取得了巨大成就。2013年11月，习近平总书记到湖南湘西考察时首次作出“实事求是、因地制宜、分类指导、精准扶贫”的重要指示，并强调发展产业是实现脱贫的根本之策，要把培育产业作为稳定脱贫攻坚的根本出路。

全国十四个集中连片特困地区基本覆盖了我国绝大部分贫困地区和深度贫困群体，一般的经济增长无法有效带动这些地区的发展，常规的扶贫手段难以奏效，扶贫开发工作任务异常艰巨。中药材广植于我国贫困地区，中药材种植是我国农村贫困人口收入的重要来源之一。国家中医药管理局开展的中药材产业扶贫情况基线调查显示，国家级贫困县和十四个集中连片特困区涉及的县中有63%以上地区具有发展中药材产业的基础，因地制宜指导和规划中药材生产实践，有助于这些地区增收脱贫的实现。

为落实《中药材产业扶贫行动计划（2017—2020年）》，通过发展大宗、道地药材种植、生产，带动农业转型升级，建立相对完善的中药材产业精准扶贫新模式。我和我的团队以第四次全国中药资源普查试点工作为抓手，对十四个集中连片特困区的中药材栽培、县域有发展潜力的野生中药材、民间传统特色习用中药材等的现状开展深入调研，摸清各区中药材产业扶贫行动的条件和家底。同时从药用资源分布、栽培技术、特色适宜技术、药材质量等方面系统收集、整理了适宜贫困地区种植的中药材品种百余种，并以《中国农村扶贫开发纲要（2011—2020年）》明确指出的六盘山区、秦巴山区、武陵山区、乌蒙山区、滇桂黔石漠化区、滇西边境山区、大兴安岭南麓山区、燕山-太行山区、吕梁山区、大别山区、罗霄山区等连片特困地区和已明确实施特殊政策的西藏、四省藏区（除西藏自治区以外的四川、青海、甘肃和云南四省藏族与其他民族共同聚住的民族自治地方）、新疆南疆三地州十四个集中连片特困区为单位整理成册，形成《十四个集中连片特困区中药材精准扶贫技术丛书》（以下简称《丛书》）。《丛书》有幸被列为2019年度国家出版基金资助项目。

《丛书》按地区分册，共14本，每本书的内容分为总论和各论两个部分，总论系统介绍各片区的自然环境、中药资源现状、中药材种植品种的筛选、相关法律政策等内容。各论介绍各个中药材品种的生产加工适宜技术。这些品种的适宜技术来源于基层，经过实践验证、简单实用，有助于经济欠发达的偏远地区和生态脆弱地区开展精准扶贫和巩固脱贫攻坚成果。书稿完成后，我们又邀请农学专家、具有中药材栽培实践经验的专家组成审稿专家组，对书中涉及的中药材病虫害防治方法、农药化肥使用方法等内容进行审定。

“更喜岷山千里雪，三军过后尽开颜。”希望本书的出版对十四个集中连片特困区的农户在种植中药材的实践中有一些切实的参考价值，对我国巩固脱贫攻坚成果，推进乡村振兴贡献一份力量。

2021年6月

前　言

本书为《十四个集中连片特困区中药材精准扶贫技术丛书》之一。新疆南疆三地州地形复杂、土地资源丰富，是“古丝绸之路”要塞所在，农耕历史悠久，维吾尔医用药栽培就孕育于此，具有发展中药材种植业的优越条件，我们以第四次全国中药资源普查试点工作为基础，深入调查南疆三地州具有发展潜力的药材资源、药材栽培与民族民间现状，根据《丛书》的编写指导思想系统收集整理了药用资源分布、栽培技术、药材质量等方面的文献资料与实践经验而编撰本书。

本书内容分为总论和各论两部分。总论系统介绍了南疆三地州的自然环境、药材资源及产业发展现状、相关法律法规与政策等；由于药材种植业在农业生产领域为高风险产业，为尽量规避风险特增加了中药资源经济效益分析。各论基于国家中医药管理局扶贫专家组推荐的推广种植目录，结合新疆药材市场需求，选择介绍了29种中药材规范化生产加工适宜技术。每种药材不仅介绍了基本的种植技术，明确了适宜中药材的种植生产流程及关键技术控制点，还介绍了有助于了解中药材种植的最适宜区、适宜区、次适宜区、不适宜区的相关内容，对选择种植品种的种植区域具有较好的指导意义，可减少推广中药材生产的盲目性和投资风险。本书可供从事中药材产业科研、生产的相关人员、高等院校作物栽培学专业师生和中药材种植爱好者参考使用，还可作为新疆南疆三地州的各级政府相关人员、扶贫科研技术人员和种植大户的区域性中药材生产加工的指导用书。

希望本书的出版能对开展“精准扶贫”和巩固脱贫攻坚成果、推进乡村振兴贡献一份力量。为新疆中药材产业和致力于南疆三地州中药材事业发展的政府相关部门、企业、扶贫干部与农户提供一些切实可行的参考资料。

本书对中药材“形态特征”的描述参考了《中国植物志》《新疆植物志》，特此致谢。

在编写本书过程中得到了各编者所在单位的大力支持，在此表示衷心的感谢。由于编者水平有限，书中内容难免存在不足之处，敬请同行专家、学者和广大读者提出宝贵意见和建议，以便修订时完善。

编　者

2021年7月

目　录

总　论

各　论

总论

第一章 新疆南疆三地州概述

南疆三地州特指新疆喀什地区、和田地区及克孜勒苏柯尔克孜自治州三地州，计24个县市。其中有9个边境县市，分别与印度、巴基斯坦、阿富汗、塔吉克斯坦、吉尔吉斯斯坦五国接壤，边境线总长2335千米，占全区边境线总长的41.7%；国土面积48.22万平方公里，占全区总面积的29.1%。地处欧亚大陆深处，位于塔里木盆地南缘，背依昆仑山和喀喇昆仑山、帕米尔高原和天山山脉群山，面向世界第二大沙漠塔克拉玛干大沙漠，横贯塔里木盆地的中国最长内陆河塔里木河源于此，地形复杂、汇集了平原气候区、沙漠荒漠气候区、山地丘陵气候区、帕米尔高原气候区、昆仑山气候区等；为“古丝绸之路”要塞所在，农耕历史悠久，维吾尔医用药栽培就孕育与此。

一、地理位置

（一）喀什地区

喀什地区地处欧亚大陆中部，中华人民共和国西北部，新疆西南部。地处在东经71.39′～79.52′、北纬35.28′～40.16′之间。三面环山，一面敞开，属暖温带大陆性干旱气候带，境内四季分明，光照长；总面积16.2万平方千米。截至2018年，现辖1个县级市、11个县：喀什市、疏附县、疏勒县、英吉沙县、泽普县、莎车县、叶城县、麦盖提县、岳普湖县、伽师县、巴楚县、塔什库尔干塔吉克自治县。在喀什地区还有新疆县级直辖市图木舒克市，及新疆生产建设兵团农业第三师所辖16个团场以及自治区直管单位、农场、石油基地等。世居维吾尔族、汉族、塔吉克族、回族、柯尔克孜族、乌孜别克族、哈萨克族、俄罗斯族、达斡尔族、蒙古族、锡伯族、满族等31个民族。

（二）和田地区

和田地区位于新疆最南端。南越昆仑山抵藏北高原，东部与巴音郭楞蒙古自治州毗连，北部深入塔克拉玛干腹地，与阿克苏地区相邻，西部连喀什地区，西南枕喀喇昆仑山与印度、巴基斯坦接壤，有边界线210千米。东西长约670千米，南北宽约600千米，总面积24.78万平方千米，沙漠戈壁约占63%，绿洲仅占3.7%，且被沙漠和戈壁分割成大小不等的300多块。截至2018年，和田地区共辖8个县级行政区，包括1个县级市、7个县，分别是和田市、和田县、墨玉县、皮山县、洛浦县、策勒县、于田县、民丰县。境内有新疆生产建设兵团十四师及所属奴尔牧场、47团场、皮山农场及224团场。居住有维吾尔族、汉族、回族、哈萨克族、柯尔克孜族、满族、蒙古族、藏族、土家族、乌孜别克族等22个民族。

（三）克孜勒苏柯尔克孜自治州

克孜勒苏柯尔克孜自治州位于祖国西北部边陲，位于新疆维吾尔自治区西南部，地处北纬37°41′28″～41°49′41″、东经73°26′05″～78°59′02″之间，地跨天山山脉西南部、帕米尔高原东部、昆仑山北坡和塔里木盆地西北缘，自治州北部和西部分别与吉尔吉斯斯坦和塔吉克斯坦两国接壤，边境线长达1195千米；东部与阿克苏地区相连；南部与喀什地区毗邻，全州东西长约500千米、南北宽约140千米，面积7.25万平方千米。

自治州中部为塔里木盆地西北部边缘，主要包括阿图什绿洲和阿克陶绿洲，沙漠、戈壁遍布，绿洲草原点缀其间。山地以克孜勒苏河为界，从乌恰县的北部、阿图什市北部直到阿合奇县，为天山南麓；克孜勒苏河以南，从乌恰县西南部直到阿克陶西部，为帕米尔高原；从东帕米尔到阿克陶南部的叶尔羌河上游群山，为昆仑山北坡。

二、气候特点

（一）喀什地区

喀什地区处在中亚腹部，受地理环境的制约，属暖温带大陆性干旱气候带。境内四季分明，光照长，气温年变化和日变化大，降水很少，蒸发旺盛。夏季炎热，但酷暑期短；冬无严寒，但低温期长；春夏多大风、沙暴、浮尘天气。年均气温11.7℃，年均降水量70.0毫米，年均无霜期240天。

因地形复杂、气候差异较大，大体可分为5个区：喀什平原气候区、沙漠荒漠气候区、山地丘陵气候区、帕米尔高原气候区、昆仑山气候区。

1. 喀什平原气候区

喀什平原气候区包括喀什北部、中部广大冲积平原地区，年平均气温在11.4～11.7℃，年降水量39～664毫米，春夏秋冬四季分明。气温年变化和日变化大，降水变化显著。日照长，蒸发强，气候干燥。冬季低温期长，夏季长而炎热。春季升温快，常有倒春寒；秋季短促，降温迅速。春季多大风、沙暴。浮尘日数频繁。

2. 沙漠荒漠气候区

喀什南部、麦盖提东部和叶城东北部，属塔克拉玛干沙漠荒漠区。大陆性气候极显著，年平均气温在11℃以上，冬季寒冷，夏季酷热，冷暖变化剧烈。降水稀少，气候干燥，年降水量在40毫米以下。风沙多，日照强。

3. 山地丘陵气候区

叶城中部，巴楚和伽师北部，疏附、英吉沙和莎车西部海拔1500～3000米处山区丘陵地带。年平均气温在11℃以下，冬季较长，夏季短促，年降水量在70毫米以上，主要集中在夏季，时有大雨甚至暴雨山洪发生。山区河谷地带气候适宜，夏季温热，冬季偏暖。

4. 帕米尔高原气候区

主要是塔什库尔干塔吉克自治县。年平均气温在5℃以下，冬季漫长寒冷，夏季温和。降水较少，主要集中在春夏两季。大风日数多，光照充足，辐射强，天气晴朗。

5. 昆仑山气候区

主要包括塔什库尔干塔吉克自治县南部和叶城县南部。年平均气温在5℃以下，山峰终年积雪，气候严寒，空气干燥，低压缺氧，风大雪多，天气多变。全年可分为冷暖两季。

（二）和田地区

和田地区位于欧亚大陆腹地，帕米尔高原和天山屏障于西、北，西伯利亚的冷空气不易进入；南部绵亘着的昆仑山、喀喇昆仑山，阻隔了来自印度洋的暖湿气流，形成了暖温带极端干旱的荒漠气候。主要特点是：四季分明，夏季炎热，冬季冷而不寒，春季升温快而不稳定，常有倒春寒发生，多风沙天气，秋季降温快；全年降水稀少，光照充足，热量丰富，无霜期长，昼夜温差大。气候特点是：春季多沙暴、浮尘天气，夏季炎热干燥，年均降水量35毫米，年蒸发量2480毫米。四季多风沙，每年沙尘天气220天以上，其中浓浮尘（沙尘暴）天气在60天左右，和田浮尘天气日数平均每年增加2.5天，月平均降尘量124吨/平方千米。

由于全区范围大，面积广，不同地形、地貌条件下，生物、气候差异极大，大致可分为南部山区、绿洲平原区、北部沙漠区三种气候类型。

南部山区：包括海拔高度1800～3000米的前山河谷地带，属于温带或寒温带气候带，根据策勒县境的奴尔兰干（海拔1970米）和西部黑山（海拔1800米）气象资料分析，全年平均气温4.7℃，极端最高气温34.0℃，极端最低气温–25℃，全年降水量127.5～201.2毫米，大于10℃的活动积温在3400℃以下，夏季短促，冬季漫长，部分地区逆温层比较明显，冬季气温比平原区高1～2℃。海拔3000米以上的山区属寒带气候，气候寒冷，无四季之分，只有冷暖之别，冷季长于暖季，降水量分布极不均匀，一般年平均降水量300毫米左右，0℃以上的生长期有120～150天，海拔5500米以上为终年低于摄氏零度的永久积雪带。

绿洲平原区：四季气候的基本特点为春长大风多，夏热且干旱，秋凉降温快，雪少冬不寒，属于暖温带，极端干旱的荒漠气候。年平均气温11.0～12.1℃，年降水量28.9～47.1毫米，年蒸发量2198～2790毫米。

北部沙漠区：气候非常干燥，少雨，日照强烈，冷热剧变，风大多沙，是极为典型的大陆荒漠气候区。

（三）克孜勒苏柯尔克孜自治州

克孜勒苏柯尔克孜自治州气候属典型的温带大陆气候，其主要特点有：①光照充足。日照时间长，百分率62%～68%，年日照总时数达2700～3000小时；太阳辐射量大，年总辐射量为130～140千卡/平方厘米；光合有效辐射充足，全州量为67～70千卡/平方厘米，光质优良。②干旱少雨。年降水量平原少于1000毫米，少水年份仅有几毫米，多水年份也不超过400毫米，半年之内不见滴雨的现象常有发生。蒸发量强盛，为降水量的40倍；空气十分干燥，平原年干燥日期达140天，年平均相对湿度仅为40%。③冬季寒冷，夏季炎热，春秋气温多变。冬季寒冷，极端最低气温达–37℃；夏季炎热，极端最高气温高达42℃，炎热期可持续70～85天，为南疆之最。④气候差异大，垂直反映迅速。因自治州地势复杂，气候差异极大，既有终年永冻的寒冷高山带，又有酷炎的平原区；气候垂直分布是自治州的气候类型特点，“四季沟”在自治州山区到处可见，相对温差达16℃。平原全年积温4100～4700℃，适合各类作物及树木生长；山地半农牧区为2400～2500℃，仅能满足牧草麦类作物及林木生长。平原年平均气温11.2～12.9℃，气温日较差12℃，可开展常规的灌溉农业。

三、地形地貌

（一）喀什地区

喀什地区西、南、北三面环山，一面敞开，北有天山南脉横卧，西有帕米尔高原耸立，南部是喀喇昆仑山，东部为塔克拉玛干大沙漠。诸山和沙漠环绕的叶尔羌河、喀什噶尔河冲积平原犹如绿色的宝石镶嵌其中。整个地势由西南向东北倾斜。地貌轮廓是由稳定的塔里木盆地、天山、昆仑山地槽褶皱带为主的构造单元组成。印度洋的湿润气流难以到达，北冰洋的寒冷气流也较难穿透，造成喀什地区干旱炎热的暖温带的荒漠景观。境内最高的乔戈里峰海拔8611米，最低处塔克拉玛干大沙漠海拔1100米，喀什市城区的平均海拔高度1289米。

喀什地区水系受地形地貌、地域降水影响，各河系的源头都位于冰川、山区积雪带，随着山区水分的融冻而使各河的年内枯洪变化明显。各河都为融补型河流。全区主要河流有叶尔羌河、克孜勒河、提孜那甫河、盖孜河、库山河等5条大河。山区的冰雪融水给绿洲的开发创造了条件，形成较集中的叶尔羌河和喀什噶尔两大著名绿洲。

其中叶尔羌河是喀什地区最大的河流，支流众多，较大的支流有塔什库尔干河、克勒肯河。河流全长1000千米，流域面积10.81万平方千米，灌溉着地区农田面积最大的绿洲——叶尔羌河平原，即莎车县、泽普县、麦盖提县、巴楚县及叶城县、岳普湖县部分农田。

克孜勒河发源于吉尔吉斯斯坦境内的特拉普齐亚峰，吉尔吉斯斯坦境内流长778千米，中国境内流长900千米，流域面积1.51万平方千米。克孜勒河进入平原及疏附县苏乎鲁克处分为南北两支，南支喀什噶尔河、北支克孜尔保依河。克孜勒河下游汇集于三角洲的伽师县到西克水库消失。克孜勒河灌溉区包括疏附县、疏勒县、喀什市、伽师县。

（二）和田地区

和田地区南依昆仑山脉，北临塔里木盆地，地貌呈北低南高，并由西向东缓倾，南部雄伟的昆仑高山成弧形横贯着东西，峰峦重叠，山势险峻。北坡为浅丘低山区，峡谷遍布，南坡则山势转缓。山脉高峰一般海拔为6000米左右，最高达7000米以上。由于气候干燥，荒漠高度一般达3300米，个别地段可达5000米，南北坡雪线分别在6000米和5500米以上。在昆仑与喀喇昆仑的地理分界处断裂形成林齐塘洼地，发育着现代盐湖与盐碱沼泽，形成高山湖泊。

自昆仑山山麓向北，戈壁横布，各河流冲积扇上分布着平原绿洲，扇缘连接着塔克拉玛干沙漠，至塔里木盆地中心与阿克苏相连。

和田地区地貌单元可分为七个单元：

（1）最高山带　海拔5200～5500米，是现代冰川和永久积雪带，多由坚硬的变质岩、花岗岩等古老岩石组成，山势雄伟。

（2）高山带　海拔4200～5200米，一般为裸地。有大量古代冰川遗迹。如策勒亚门的古冰碛、马库卡尔塔西河源头的冰斗区及克奇克库勒冰碛湖。

（3）亚高山带　海拔3400～4200米，有较深厚土层，山峰母岩裸露，岩壁陡峭，山坡有明显的侵蚀切割，山势起伏大，一般坡度20～38度。

（4）中山带　海拔3000～3400米，山势起伏较大，山峰明显，但山顶轮廓浑圆具有准平原地貌，覆有很厚的黄土发育形成的草甸草原土类型。分布着辽阔的优良草场，是和田地区重要牧业基地。

（5）低山带　海拔2200～3000米，山势平缓，覆盖土层很厚，大量堆积着昆仑黄土，在河流沿岸阶地上分布着农田，是农牧结合区。

（6）山麓倾斜平原　海拔1250～2200米。海拔1700～2200米为粗沙及砾石覆盖的戈壁，分布着稀疏耐旱植被；海拔1450～1700米为裸的粗砾戈壁；海拔1250～1450米为古老绿洲分布区，长期灌溉淤积，土壤不断熟化。

（7）沙漠区　海拔1250米以下的北部地区接塔克拉玛干沙漠腹地，分布着耐旱植被。

（三）克孜勒苏柯尔克孜自治州

克孜勒苏柯尔克孜自治州有天山南脉、昆仑北坡、东帕米尔及塔里木盆地西缘的大片土地，东西绵延500多千米，地貌极其复杂。主要地貌类型有：山地、河谷、盆地、平原、沙漠、戈壁、冰川等。克孜勒苏柯尔克孜自治州地势整体南北高，中部低，为克孜勒河谷地。境内多山，中部为丘陵，山地约占总面积的90%。西昆仑山的慕土塔格峰海拔7509米、公格尔九别峰海拔7530米、公格尔峰海拔7649米，均为境内著名山峰。

境内有克孜勒苏河、恰克玛克河、博古孜河、盖孜河、托什干河等主要河流，年总径流量72.7亿立方米。中东部为塔里木盆地西缘绿洲，喀什噶尔河与博古孜河平原地带，主要有阿图什市的恰克玛克–博古孜河中下游冲积平原、阿克陶县的帕米尔山前冲积扇平原、盖孜河–库山河三角洲平原。主要盆地有阿图什市的哈拉峻、吐古买提盆地和乌恰县的黑孜苇盆地。主要谷地有阿合奇县的托什干谷地、阿图什市的上阿图什谷地、阿克陶县的苏巴什谷地和木吉谷地等。这些平原、盆地和谷地，一般在海拔1200～3500米之间，为自治州主要的农牧业区。

第二章 新疆南疆三地州中药资源及栽培概况

一、中药资源及栽培现状

（一）野生中药材资源情况

喀什地区属暖温带大陆性干旱气候带。境内四季分明，光照长，气温年变化和日变化大，降水很少，蒸发旺盛。夏季炎热，但酷暑期短；冬无严寒，但低温期长；春夏多大风、沙暴、浮尘天气。因地形复杂、气候差异较大，主要有喀什平原气候区、沙漠荒漠气候区、山地丘陵气候区、帕米尔高原气候区、昆仑山气候区。区内植物资源有高山植被、平原绿洲植被、荒漠植被、沼泽植被等。乔灌木及果树类主要有桑树、沙棘、国槐、梧桐、松树、杉树、柏树、红柳、胡杨、桃、杏、梨、巴旦木、无花果、石榴、樱桃、阿月浑子、核桃等。药用植物有肉苁蓉、甘草、党参、麻黄、雪莲、芝麻、小茴香、胡麻、刺糖、菟丝子、沙拐枣、红花、紫草、巴旦杏、阿育魏实、索索葡萄等300余种。其中以甘草、罗布麻、肉苁蓉蕴藏量最丰富、分布最广。

和田地区位于新疆维吾尔自治区西南部。南枕昆仑山，东部与巴音郭楞蒙古自治州毗连，北部深入塔克拉玛干腹地，西南枕喀喇昆仑山。该区同时拥有高山带、亚高山带、中山带、低山带、山麓倾斜平原（冲积扇）、沙漠区等多种地貌类型。不同地形、地貌条件下，生物、气候差异极大。据第三次全国中药资源普查及第四次全国中药资源普查（试点）统计，该区有中药材300余种，以肉苁蓉、甘草、罗布麻、麻黄、锁阳、黑种草子、新疆大黄、葫芦巴、桃仁、硫黄、石膏、鹅喉羚为主。

克孜勒苏柯尔克孜自治州地处帕米尔高原上。克孜勒苏柯尔克孜自治州以克孜勒苏河为界，克孜勒苏河以北从乌恰北部、阿图什市的北部直到阿合奇县，为天山南麓；克孜勒苏河以南，由北向南包括乌恰县西南部和阿克陶县西南部绝大部分山区，为帕米尔高原和西昆仑山区。主要平原有阿图什市的恰克玛克–博古孜河中下游冲积平原、阿克陶县的帕米尔山前冲积扇平原、盖孜河–库山河三角洲平原。主要盆地有阿图什市的哈拉峻、吐古买提盆地和乌恰县的黑孜苇盆地。主要谷地有阿合奇县的托什干谷地、阿图什市的上阿图什谷地、阿克陶县的苏巴什谷地和木吉谷地等。特殊的地形地貌，有着不同的植被类型，分布着丰富多样的药用植物。据中药资源普查统计，该区有野生中药材近200种，分布药材蕴藏量较大的品种有：新疆紫草、阿魏、麻黄、黄花紫草、新疆党参、心草、白头翁、景天、凤毛菊、贝母、小茴香、手掌参、雪莲、山葱、补血草、黄芪、马蔺、马先蒿、沙棘等。

（二）中药材栽培情况

目前新疆已有60多种药材实现人工种植，20多种大宗药材实现了规模化种植。南疆三地州地处暖温带，属典型的大陆性气候，光热资源非常丰富，但干旱少雨，蒸发强烈，植物生长季内光能资源丰富，热量充足，昼夜温差大，冲积扇平原无霜期长，适于作物生长。区域独特的地理环境、广袤的土地、日照充足、光合作用充分、空气纯净度高、土壤条件优势明显，对发展中药材产业有得天独厚的优势。

1. 地产中药材品种

新疆道地药材主要在20世纪50年代以后才逐渐被发现而利用。新疆阿魏、阜康阿魏、新疆软紫草、伊贝母等药材，均是1977年被收载于《中国药典》。目前，新疆常见的道地中药材有甘草、罗布麻、伊贝母、红花、肉苁蓉、牛蒡、紫草、款冬花、枸杞子、秦艽、麻黄、赤芍、阿魏、锁阳、雪莲、鹿茸、牛蒡子、新疆藁本、菟丝子等。新疆道地民族药材主要有一枝蒿、菊苣、香青兰、黑种草子、驱虫斑鸠菊、药蜀葵、地锦草、对叶大戟等。南疆三地州道地药材品种丰富，主要有甘草、肉苁蓉、罗布麻、麻黄、菊苣、黑种草子、驱虫斑鸠菊、药蜀葵、鹿茸、小茴香等多个品种。

2. 中药材栽培历史

南疆三地州低处新疆最为偏远、少数民族最为集中的区域，由于恶劣的自然环境加之少数民族不擅长种植、多游牧等多方面原因，使得南疆三地州的农业发展水平较低。新中国成立后，中药材的引种试种、推广和地产药材的就地驯化、种植、推广得到高程度的发展，掀起了中药种植热潮，先后引种枸杞、板蓝根、紫苏、荆芥、菊花、薏苡、山药、小茴香、白芍、牡丹、桔梗等多个品种。但由于生产习惯、市场需求的变化、经济效益等多方面原因，引种品种扎根落户的仅枸杞、板蓝根、紫苏、小茴香等少数几个品种。20世纪

70年代中后期开始集中发展地产大宗药材的种植，药材种植规模和产量才逐渐稳步增长，发展较好的中药品种主要有红花、甘草、肉苁蓉等。

红花是栽培历史悠久、规模性种植的常用中药材。20世纪60年代中期，医药产业对红花的需求量迅速上升，红花出口量亦增大，红花的播种面积大幅度增加，新疆在海拔1100～2000米的昆仑山北坡，南疆三地州和田地区的皮山县、于田县、和田县和喀什地区的莎车县、叶城县、英吉沙县、疏附县、疏勒县均有大量种植红花的历史。

甘草的种植历史较晚，甘草是新疆大宗特色药材，全疆90%以上的县域皆有分布，后因人类活动区域极速扩张，大面积的垦荒造田、兴建水利设施改变生态环境、加之过度采挖，致使野生甘草资源急剧下降，尤其在塔里木河上游的喀什辖区的平原区域最为严重。因此，20世纪80年代中期，新疆医药管理局在喀什地区巴楚县建立了“甘草试种站”，研究甘草人工种植技术，试图实现甘草野生变家种，以达到既保障甘草的市场需求供应，又可遏制甘草分布区生态环境的恶化，但效果甚微。一系列的禁止采挖甘草等药用资源保护相关条例，有效地促进了甘草人工栽培的发展，尤其是规范化种植兴起后，新疆的甘草种植快速形成了规模，成为全国种植面积最大的省份。

新疆肉苁蓉有人工种植，始于20世纪80年代，在吐鲁番沙漠植物园，开始试种《中国药典》收载的荒漠肉苁蓉、盐生肉苁蓉与仅分布在新疆南部的管花肉苁蓉，至今荒漠肉苁蓉、盐生肉苁蓉多种植在天山冲积扇平原与沙漠交界区域，管花肉苁蓉集中在昆仑山冲积扇平原与沙漠交界处，并已形成规模。

3. 中药材栽培现状

南疆三地州是新疆的集中连片贫困区，长期以来区域的农业产业结构相对单一，除粮食作物、经济作物（棉花）、瓜果和林果类外，因地处偏远、运距太长、就地消化的能力有限，尚未形成真正的中药材种植产业。其中药材主要以三种形式出现：一是以粮、果、林兼有药用品种，如浮小麦、杏、桃、石榴、无花果、榅桲、药桑、核桃、沙枣等；二是维吾尔医药用常用栽培药材，主要有无花果、异叶青兰、阿月浑子、阿育魏实、巴旦杏、黑种草子、菊苣、驱虫斑鸠菊、香青兰、洋茴香、葫芦巴等品种；三是传统地产中药材栽培品种，主要有肉苁蓉、板蓝根、甘草、玫瑰、薄荷、红花、啤酒花、臭椿、蓖麻、小茴香、孜然、乌梅、大蒜、莳萝、大麻、胡麻、蜀葵、白蜡、睡莲、蒺藜等品种。

进入21世纪后，随着国家中药产业的发展，市场需求日益增大，相关药材的种植技术日趋成熟，部分药材的种植已初具规模。其中管花肉苁蓉接种总面积达到近20万亩、甘草4万余亩、玫瑰2万余亩、其他品种1.4万亩。

管花肉苁蓉的人工种植主要集中在和田地区，2002年8月，管花肉苁蓉人工规模化种植宣告成功，接种配方及方法与国内其他有关接种试验相比，接种时间提前1～2年，1千克管花肉苁蓉种子可以接种14.5公顷红柳，种子使用量和人工接种费用显著降低，其科研水平处于领先水平。同时还制定了管花肉苁蓉种植基地GAP标准，在于田、民丰分别建立了管花肉苁蓉GAP基地和种子基地。肉苁蓉的人工种植面积逐步扩大，现已突破20万亩。

喀什地区的野生甘草资源分布较为集中、蕴藏量较大，由于不合理的滥采滥挖，导致野生资源锐减，正因如此第一个甘草试种站在巴楚县建立，并在周边地区陆续成立企业，从事甘草的野生抚育和人工种植工作。进入21世纪，甘草被列为国家二级濒危保护植物，之后甘草的人工种植大幅度增加，新疆的甘草人工种植面积已达到20余万亩，南疆三地州约4万亩。

玫瑰花作为常规中药材，也是维吾尔医药的常用药材，在南疆三地州民间均有栽培，主要集中在和田、喀什，总面积达2万余亩。近年来，雪菊、当归、牛蒡、黄芪、黄芩、防风、牛膝、金银花、知母、西红花、山药、瞿麦、红花等品种已陆续试验栽培成功，其中雪菊、牛蒡、黄芪、牛膝、山药、瞿麦等品种已在局地开始推广种植，其余品种有待进一步的完善种植技术和推广种植。

二、中药材栽培条件概况

（一）土地土壤条件

土壤是生长万物的基础，是人类赖以生存和发展的载体。土壤是在年代、母质、气候、生物、地形等成土因素非常复杂的相互作用下形成的，因此形成的类型也就有很多差异。南疆三地州低处昆仑山、帕米尔高原北坡，地势由南至北逐渐降低，直至塔里木盆地，盆地上缘连接山地的为砾石戈壁，砾石戈壁与沙漠间为冲积扇和冲积平原，绿洲多分布于此，为南疆三地州重要的农业耕作区。

南疆三地州地质地貌条件较为复杂，成土母质类型繁多。山区以残积物、坡积物分布最广，部分山地迎风坡尚有黄土分布。平原地区的成土母质则主要为洪积物、冲积物、砂质风积物以及各种黄土状沉积物。在古老灌溉绿洲内，分布有灌溉淤积物（灌淤土），此外，尚有湖积物、冰碛物等。南疆三地州的“昆仑黄土”（黄沙状沙壤土）分布于昆仑山北坡的前山（低山）和中山带上，其上限东部海拔3200米，向西上升到3500米，“昆仑黄土”完全以细砂为主，几乎没有中、粗砂成分。其土壤类型根据海拔的高低有很大的差异，海拔在4000～4500米以上为雏形土，依靠季节性融冰化雪湿润着土壤和供应植物生长，植被以苔草、针茅为主，覆盖度达到60%～70%；海拔2000～3000米的高山山谷山前冲积平原或亚高山草甸带，其土壤类型为雏形土，大部分为天然牧草场，极少部分作为耕作土地，种植作物为青稞、大麦和玛卡，形成了南疆极具特色的高原农业；海拔高度900～1300米，土地利用类型主要以耕地为主，经过长时间开垦耕作，已出现灌淤发生过程，部分土壤已经出现灌淤层及灌淤现象，逐渐形成灌淤土。不同海拔总体展现了“高山荒漠草原—高山农业（山前冲积平原）—亚高山草原—绿洲农业—沙漠”的景观特征；土地利用方式呈现“天然牧草地—耕地—天然牧草地—耕地—未利用地”的特征；其土壤类型特征呈现“雏形土（草甸土、草原土）—人为土（灌淤现象雏形土）—干旱土”的特征。

（二）农业灌溉水条件

南疆地区属典型的干旱区和极端干旱区，土地生态环境十分脆弱。南疆地区农业发展以绿洲农业为主，所谓有水即有田，限制南疆地区农业发展的主要原因便是水资源的匮乏。南疆三地州低处昆仑山、帕米尔高原北坡以及天山西段南坡，依靠冰川融雪水，形成了克孜勒河、叶尔羌河、玉龙喀什河、喀拉喀什河等主要河流，随河道也形成南疆三地州主要的绿洲耕作区，河水也是该区域主要的灌溉用水，由于推行节水灌溉较晚且河水含沙量较重，长期以来农业灌溉以大水漫灌为主，且南疆三地州降雨量极少，河流多为季节性河流，自然农业灌溉也依赖季节性河水程度较高，导致该区域农业种植结构较为单一，多以多年生的林果业为主。

此外南疆三地州地处极度干旱地区，蒸发量远远高于降雨量，导致大部门地区均有一定程度的盐碱或盐渍化，对作物的种类的选择亦有很大程度的阻碍。

三、主要病虫害及防治

南疆三地州位于我国塔里木河上游，农业生产多集中在发源于喀喇昆仑山的和田河和叶尔羌河、天山西段南坡的喀什噶尔河等河流的冲积扇和流域，且主要以棉、粮油、林果业为主，田间病虫害主要源于土壤、灌溉水和种植作物。病害又分为由霉菌引起的病如白粉病，由细菌引起的病如根腐病，由病毒引起的病如花叶病。虫害又分为食害型害虫和吸汁型害虫，就目前调查发现的病害主要有白粉病、锈病、根腐病、黑斑病、黄萎病、立枯病等，虫害主要有蚜虫、叶螨、叶蝉、介壳虫、桑白蚧、地老虎等。其防治方法主要有农业防治、生物防治、物理防治以及化学防治。

（一）农业防治

农业防治是根据农田环境、植物与有害生物之间的相互关系，利用一系列栽培管理技术，有目的地改变某些因子，有利于作物的生长发育，而不利于有害生物，从而达到控制有害生物的发生和危害，保护农业生产的目的。农业防治是有害生物综合治理的基础措施。其优点是：无需为防治有害生物而增加额外成本；无杀伤自然天敌、造成有害生物产生抗药性及污染环境等不良作用，可随作物生产的不断进行而经常保持对有害生物的抑制，其效果是累积的：一般具有预防作用。但其缺点是：有些防治措施与丰产要求有矛盾，或与耕作制度有矛盾：一些农业防治法所采用的具体措施地域性、季节性比较强，限制了其大面积推广：同时，农业防治措施的防虫效果表现缓慢或不十分明显，特别是在病虫害大发生时往往不易及时解决问题。农业防治的主要措施包括合理轮作和间作、深耕细作、清洁田园、调节播种期、合理施肥、选择抗性品种等。

（二）生物防治

生物防治就是用生物或生物代谢物及生物技术获得的生物产物，如抗生素、生物农药或天敌来治理有害生物。这些生物产物或天敌，一般对有害生物选择性强、毒性大：而对高等动物毒性小，环境污染少，一般不造成公害。如今人们对保护一个清洁的自然环境的迫切要求和对地下水质、食品安全性等的忧虑，更把生物防治技术的应用和研究推到了一个前所未有的重要地位，引起政府和社会各界的重视。中药材病虫害的生物防治是解决中药免受农药污染的有效途径。但是，生物防治也有局限性，如杀虫作用较缓慢，杀虫范围较窄，受气候条件影响较大，一般不容易批量生产，贮存运输也受限制。

（三）物理防治

根据病虫害的生物学特性和发生规律，利用声、光、电、热、机械等物理因子对有害生物的生长、发育、繁殖等进行干扰，从而达到防治病虫害的目的。常用的物理防治方法有诱集灭虫法、阻隔分离、种子热（冷）处理法、电击法等。

（四）化学防治

化学防治是利用化学药剂控制植物病虫害发生的方法。化学防治具有快速、高效和经济效益高等优点，但使用不当会杀伤有益生物，同时导致有害生物产生抗药性、造成环境污染、引起人畜中毒等。因此，应用化学防治的同时，应考虑最大限度地降低对环境的不良影响。化学农药的范围很广，根据作用对象可分为杀虫剂、杀线虫剂、杀菌剂、杀鼠剂及植物生长调节剂等。在杀虫剂中有专门用于杀螨的一类化学药剂特称杀螨剂。在所有的化学农药中，以杀虫剂的种类最多，用量最大。目前化学农药甚多，选择时尽可能选择高效、低毒、低残留的农药，且严格按照国家相关规定选择和合理使用农药。国家明令禁止、限制使用的农药名录见表2-1，其他采取管理措施的农药名单见表2-2。

表2-1 国家禁用和限用的农药名单

编号	农药名称	禁/限用范围	农业部公告	备注
1	涕灭威、内吸磷、灭线磷、氯唑磷、硫环磷、克百威、甲基异柳磷、甲拌磷	蔬菜、果树、茶叶、中草药材	农农发〔2010〕2号	共8类农药
2	氰戊菊酯	茶树	农农发〔2010〕2号	
3	丁酰肼	花生	农农发〔2010〕2号	
4	砷类、杀虫脒、铅类、六六六、甲胺磷、汞制剂、甘氟、氟乙酰胺、氟乙酸钠、二溴乙烷、二溴氯丙烷、对硫磷、毒鼠强、毒鼠硅、毒杀芬、敌枯双、狄氏剂、滴滴涕、除草醚、艾氏剂、磷胺、久效磷、甲基对硫磷	农业	农农发〔2010〕2号	共23类农药 禁止生产、销售和使用
5	氧乐果	甘蓝	农农发〔2010〕2号	将含溴甲烷产品的农药登记使用范围变更为“检疫熏蒸处理”，禁止含溴甲烷产品在农业上使用
6	氟虫腈	除玉米等部分旱田种子包衣剂外	农业部公告第1157号	

续表

编号	农药名称	禁/限用范围	农业部公告	备注
7	治螟磷、蝇毒磷、特丁硫磷、硫线磷、磷化锌、磷化镁、磷化钙、甲基硫环磷、地虫硫磷、苯线磷	农业	农业部公告第1586号	共10类农药 禁止生产、销售和使用
8	灭多威	苹果树、茶树、十字花科蔬菜	农业部公告第1586号	
9	水胺硫磷	柑橘树	农业部公告第1586号	
10	草甘膦混配水剂	农业	农业部公告第1744号	2012年8月31日前生产的，在其产品质量保证期内可以销售和使用
11	百草枯水剂	农业	农业部公告第1745号	禁止在国内销售和使用
12	三唑磷、毒死蜱	蔬菜	农业部公告第2032号	
13	氯磺隆、胺苯磺隆	农业	农业部公告第2032号	禁止在国内销售和使用（包括原药、单剂和复配制剂）
14	甲磺隆	农业	农业部公告第2032号	禁止在国内销售和使用；保留出口境外使用登记
15	福美胂、福美甲胂	农业	农业部公告第2032号	禁止在国内销售和使用
16	氯化苦	除土壤熏蒸外的其他方面	农业部公告第2289号	1. 不再受理、批准含氟虫胺农药产品的农药登记和登记延续。 2. 撤销含氟虫胺农药产品的农药登记和生产许可。 3. 自2020年1月1日起，禁止使用含氟虫胺成分的农药产品
17	杀扑磷	柑橘树	农业部公告第2289号	
18	氟苯虫酰胺	水稻作物	农业部公告第2445号	
19	三氯杀螨醇	农业	农业部公告第2445号	

续表

编号	农药名称	禁/限用范围	农业部公告	备注
20	磷化铝（规范包装的产品除外）	农业	农业部公告第2445号	1. 规范包装：磷化铝农药产品应当采用内外双层包装。2. 禁止销售、使用其他包装的磷化铝产品
21	乙酰甲胺磷、乐果、丁硫克百威	蔬菜、茶叶、菌类和中草药材	农业部公告第2552号	自2019年8月1日起禁止使用
22	硫丹	农业	农业部公告第2552号	撤销含硫丹产品的农药登记证，禁止含硫丹产品在农业上使用
23	溴甲烷	农业	农业部公告第2552号	
24	氟虫胺	农业	农业农村部公告第148号	

表2-2　其他采取管理措施的农药名单（3种）

编号	农药名称	农业部公告	管理措施
1	八氯二丙醚	农业部公告第747号	撤销已经批准的所有含有八氯二丙醚的农药产品登记；不得销售含有八氯二丙醚的农药产品
2	2, 4-滴丁酯	农业部公告第2445号	不再受理、批准2, 4-滴丁酯（包括原药、母药、单剂、复配制剂）的田间试验和登记申请；不再受理、批准其境内使用的续展登记申请。保留原药生产企业该产品的境外使用登记，原药生产企业可在续展登记时申请将现有登记变更为仅供出口境外使用登记
3	百草枯	农业部公告第2445号	不再受理、批准百草枯的田间试验、登记申请，不再受理、批准其境内使用的续展登记申请。保留母药生产企业该产品的出口境外使用登记，母药生产企业可在续展登记时申请将现有登记变更为仅供出口境外使用登记

第三章 新疆中药材政策法规

一、新疆地产中药材发展优势

南疆发展中药材产业前景良好，主要有以下几方面的优势：

一是资源优势。独特的地理条件、气候条件、自然资源决定了南疆三地州独特的绿洲农业、灌溉农业。在平原及河谷等绿洲上，土地肥沃，土壤纯净，适合大规模种植甘草、罗布麻、肉苁蓉等多种药材。

二是地域优势。南疆三地州与印度、巴基斯坦、阿富汗、塔吉克斯坦、吉尔吉斯斯坦五国接壤，具有面向中亚、南亚、西亚乃至东欧的独特地域优势，依托口岸和对外综合交通运输网络，可充分发挥国际大通道的重要作用。

三是口岸优势。南疆三地州拥有开发口岸5个，目前与周边多个国家在经济贸易、产业结构、资源利用等方面均有贸易往来，蕴藏着很大的市场潜力和商机，是实现“一带一路”中医药走出去的关键通道。

四是政策优势。自西部大开发战略实施以来，国家除了增加建设资金投入，在税收、资源开发、科技教育、吸引人才等方面实行优惠政策外，鼓励引资建厂，促进原产品的就地产业化。此外，国家还启动了对口援疆计划，北京、上海、广东、山东、江苏、深圳重点对口南疆三地州，从而推动区域经济社会发展、改善各族群众生活、提高公共服务水平，最终实现全面小康。

二、中药政策、法规

（一）国家相关政策

《中华人民共和国中医药法》（2017年7月1日起施行）指出：国家鼓励发展中药材规范

化种植养殖……支持中药材良种繁育，提高中药材质量；支持道地中药材品种选育，扶持道地中药材生产基地建设，加强道地中药材生产基地生态环境保护，鼓励采取地理标志产品保护等措施保护道地中药材；鼓励发展中药材现代流通体系，提高中药材包装、仓储等技术水平，建立中药材流通追溯体系；保护药用野生动植物资源，对药用野生动植物资源实行动态监测和定期普查，建立药用野生动植物资源种质基因库，鼓励发展人工种植养殖，支持依法开展珍贵、濒危药用野生动植物的保护、繁育及其相关研究。

《"健康中国2030"规划纲要》指出：要充分发挥中医药独特优势，提高中医药服务能力，到2030年，中医药在治未病中的主导作用、在重大疾病治疗中的协同作用、在疾病康复中的核心作用得到充分发挥；发展中医养生保健治未病服务，实施中医治未病健康工程，将中医药优势与健康管理结合，探索健康文化、健康管理、健康保险为一体的中医健康保障模式。保护重要中药资源和生物多样性，开展中药资源普查及动态监测，建立大宗、道地和濒危药材种苗繁育基地，提供中药材市场动态监测信息，促进中药材种植业绿色发展。

《中医药发展"十三五"规划》指出：加强中药资源保护和利用。建立中药种质资源保护体系。建立覆盖全国中药材主要产区的资源监测网络。依托现有资源，探索建立道地中药材认证制度。建立中药材生产流通全过程质量管理和质量追溯体系。促进中药材种植养殖业绿色发展，促进中药工业转型升级。政府积极引导，强化市场作用，推动旅游业与中医药健康服务业深度融合，初步构建起我国中医药健康旅游产业体系。

《全国道地药材生产基地建设规划》（2018—2025年）指出：保护利用道地药材种质资源，组织科研单位与企业开展联合攻关，推进特色品种提纯复壮，加快选育一批道地性强、药效明显、质量稳定的新品种。加快建设一批标准高、规模大、质量优的道地药材种子种苗繁育基地，提高道地药材供种供苗能力；创建道地药材品牌，突出道地特色和产品特性，与特色农产品优势区建设规划相衔接，打造一批种植规模化、设施现代化、生产标准化的道地药材特色生产基地，培育一批道地药材品牌；重点开展中药材产地加工，开发中药材功能性食品及保健品，提高产品附加值；提升道地药材的质量安全水平，确保道地药材产品符合国家相关标准要求。推广绿色生产技术。鼓励按照中药材生产质量管理规范，推广有机肥替代化肥、绿色防控替代化学防治等关键技术，减少化肥、农药用量。推进产地环境改善，用最适宜的土壤生产最优质的道地药材。

《中药材生产质量管理规范》（征求意见稿）提出：中药材种植企业应当根据中药材的生长发育习性和对环境条件的要求，制定产地和种植地块的选址技术规程；中药材生产基地一般应当选址于传统道地产区，在非传统道地产区选址，应当提供充分文献或者科学数据证明其适宜性；种植地块应当能满足药用植物对气候、土壤、光照、水分、前茬作物、轮作等的要求；生产基地周围应当无污染源，远离市区，生产基地环境应当符合国家最新标准，并持续符合标准要求。

《中药材产业扶贫行动计划（2017—2020年）》指出：充分发挥中药材产业优势，凝聚多方力量推进精准扶贫、精准脱贫，在贫困地区实施中药材产业扶贫行动，以建立切实有效的利益联结机制为重点，将中药材产业发展与建档立卡的贫困人口的精准脱贫衔接起来，助力中药材产业扶贫对象如期“减贫摘帽”。支持中药企业建设“中药材产业扶贫示范基地”，打造50个跨省（区、市）的中药材规模化共建共享基地。开展“百企帮百县”活动，推动百家以上医药企业到贫困县设立“定制药园”作为原料药材供应基地。

《中医药健康服务发展规划》（2015—2020年）提出：中医药将参与“一带一路建设”，“一带一路”沿线国家都有中医药和传统医药的使用历史，具有一定的群众基础，借助“一带一路”战略构想的具体实施，中国与沿线各国广泛开展中医药领域交流和合作的前景广阔。

（二）新疆地方相关政策

《新疆维吾尔自治区中药民族药资源保护与产业发展规划（2016—2020年）》（以下简称《规划》）指出：要推动自治区中药民族药种植养殖技术进步，促进中药民族药新药研发，做大做强中药民族药特色品种，提升科研成果及新产品的市场转化能力，培育自治区战略性新兴产业；构建以中药民族药种源培育、规范化种植、加工生产、物流仓储、药材监测、市场营销等全方位为一体的中药民族药全产业链体系；大力发展药材精准作业、生态种植养殖，机械化生产和现代加工技术，建成5～10个中药民族药药材规范化种植基地，实现人工种植的中药民族药药材品种达到10～20个，引导新疆中药民族药产业成为自治区生态型优势产业，使新疆成为国家重点中药民族药药材规范化生产基地；实现销售额上亿元的品种达到3～5个，超过5000万元以上品种达5～10个，重点开发目标品种20～40个。《规划》还指出要扩大本土濒危药材的引种范围，引种培育天山堇菜、岩白菜、新疆紫草、新疆阿魏、阜康阿魏、多伞阿魏、雪莲等品种，提高引种种植技术，保证种植药材的质量和产量。适度扩大我区大宗药材、道地药材的人工规范化种植范围和规模，如新疆甘草、红花、枸杞、伊贝母、肉苁蓉、罗布麻、雪菊、天山雪莲、菊苣等药材。建立肉苁蓉、枸杞、红花、伊贝母、甘草、菊苣、一枝蒿、黑种草、石榴等特色药材种植基地。

《新疆生产建设兵团中医药发展规划纲要》（2016—2030年）指出：一是推进中药材规范化种植养殖。加强新疆道地药材良种繁育和种植养殖，促进中药材种植养殖业绿色发展，加强对中药材种植养殖的科学引导，提高规模化、规范化水平。支持发展中药材生产保险。落实国家贫困地区中药材产业推进行动，引导贫困户以多种方式参与中药材生产，推进精准扶贫。二是促进中药工业转型升级。推进中药工业数字化、网络化、智能化建设，加强技术集成和工艺创新，提升中药装备制造水平，加速中药生产工艺流程的标准化、现代化，逐步形成若干个有规模的中药企业集团。以现代化科技产业基地为依托。实施中医药大健康产业科技创业者行动。促进中药一二三产业融合发展。建立中药材生产流通全过程质量管理和质量追溯体系和第三方检测平台。

《南疆四地州深度贫困地区就业扶贫三年规划（2018—2020年）》指出：集中聚焦南疆四地州22个深度贫困县（市）建档立卡贫困人口中具有劳动能力和就业创业愿望的劳动者，通过疆内跨地区转移就业，有序扩大转移内地就业规模，转移兵团就业，就地就近转移城镇、企业、园区、“微型工厂”、“乡镇工场”就业，支持小微创业带动就业。

《新疆银行业支持南疆四地州深度贫困地区脱贫攻坚工作实施意见》指出：要用好用足政策倾斜，实施差异化扶持政策。最大限度争取信贷规模配置，保障扶贫小额贷款应贷尽贷；推进“信贷+担保”服务模式，加快与省市县各级农业信贷担保公司全方位对接；大力推进扶贫小额贷款保证保险等，提高贫困地区企业及贫困户贷款可获得性。

《新疆部分重点产业发展目录》指出：鼓励发展民族医药工业，支持雪莲、甘草、肉苁蓉、红花等大宗药材种植基地建设，支持建设维吾尔药研发中心，提升维吾尔药生产规模和水平。加快维吾尔医药产业化发展步伐，重点推进和田县北部新区维吾尔医药产业园建设。扶持维吾尔医药材药用活性提取物产业，鼓励发展具有维吾尔民族特色的保健食品和特殊用途化妆品产业；加快维药龙头企业培育，引导地区维药企业向产业园集聚。

《关于公布新疆困难地区重点鼓励发展产业企业所得税优惠目录（试行）的通知》（财税〔2011〕60号）指出：加强濒危稀缺药用动植物人工繁育技术及代用品开发和生产，先进农业技术在中药材规范化种植、养殖中的应用，中药有效成分的提取、纯化、质量控制新技术开发和应用，中药现代剂型的工艺技术、生产过程控制技术和装备的开发与应用，中药饮片创新技术开发和应用，中成药二次开发和生产。

第四章 中药材生产经济效益分析

众所周知，中药材隶属特色农产品范畴，因此农产品所适用的研究思路和方法同样适用于中药产业。农产品成本和收益历来是农业和农村经济的核心问题之一，农产品生产成本的或高或低，不单单表现为农产品生产所使用费用的花费问题，更进一步体现出整个农业生产的技术水平。在市场经济条件下，农户种植中药材的目的不单单是满足自身需求，更期望以最小的成本获得最大的经济效益。

经济学中有个经典概念叫作“规模经济”，即指通过扩大生产规模而引起经济效益增加的现象。中药材从种植到销售的全过程中，为了获取更多的收益，一方面要尽可能降低成本；另一方面要适度扩大种植规模，获取经济学上的规模经济效益。在分析成本时，要尽可能的掌握中药种植过程中所有的生产成本，酌情分析哪些成本能够通过技术手段降低；在分析种植规模时，切忌盲目追求大面积、大规模。要通过科学的计算，弄清最优种植面积，这个面积是使中药种植成本最小且收益最大的规模。

此外，中药材在种植和销售过程中，成本及销售价格还受外部众多因素的影响，如经济、法律、宏观环境、市场因素等，在具体分析过程中，还应结合这些因素综合分析。这个综合分析过程也就是经济效益分析。各县市在发展中药材种植过程中，必须要进行该分析，如果不进行经济效益分析，很可能会导致盲目投资、资源浪费和成本回收困难等问题。

一、药材种植成本分析方法

一般认为，成本分析有两种基本方法，即会计学方法和经济学方法。

（一）药材种植会计学上的成本

会计学上的成本是指企业为生产产品、提供劳务而发生的各种耗费。

我国2006年2月15日出台的《企业会计准则第5号——生物资产》中规定："自行栽培的大田作物和蔬菜的成本，包括在收获前耗用的种子、肥料、农药等材料费、人工费和应分摊的间接费用等必要支出；收获的农产品成本，按照产出或采收过程中发生的材料费、人工费和应分摊的间接费用等必要支出计算确定，并采用加权平均法、个别计价法、蓄积量比例法、轮伐期年限法等方法，将其账面价值结转为农产品成本。在农产品成本的后续计量中，包括了计提折旧、计提跌价准备、计提减值准备等。关于计提折旧，对达到预定生产经营目的的农产品，应当计提折旧，并根据用途计入相关资产的成本或当期损益。同时，应根据农产品的性质、使用情况和有关经济利益与其实现方式，合理确定其使用寿命。使用寿命的确定应考虑的因素有：预期产出能力或实物产量；预计的有形损耗，如因新品种的出现而使现有的产出能力和产出农产品质量等方面相对下降、市场需求的变化使产出的农产品相对过时等。此外，应当于每年末对消耗性生物资产进行检查，有确凿证据表明由于遭受自然灾害、病虫害或市场需求变化等原因，使得生物资产可回收金额低于其账面价值，应计提减值准备。"

从上面的规定可以看出，会计成本从计量的角度看，是一种历史成本，是生产农产品时已经发生的代价，具有客观性。企业外部的使用者对信息的公允性和客观性的要求进一步强化了记录的可验证性。因此，财务会计学上对成本的分析，一般是从一个组织的角度对其生产的产品或者提供的服务的代价所做的分析，而且对代价的计量是以历史成本原则为基础的。会计学上的成本构成见表4-1。

表4-1　会计学上的成本构成

分类标准	内容
按照经济性质分类	可分为劳动对象、劳动手段和活劳动三个方面的费用
按照经济用途分类	可分为应计入产品成本的费用和不应计入产品成本的费用两大类。而应计入产品成本的费用又可以分为直接材料、直接人工、燃料及动力和制造费用
按照转为费用的方式分类	可分为产品成本和期间成本。产品成本是指可计入存货价值的成本，包括按特定目的分配给一项产品的成本总和。期间成本是指不计入产品成本的生产经营成本，包括除产品生产成本以外的一切生产经营成本
按照其计入成本对象的方式分类	可分为直接成本和间接成本。直接成本是与成本对象直接相关的成本中可以用经济合理的方式追溯到成本对象的那一部分成本，而间接成本是指与成本对象相关联的成本中不能用一种经济合理的方式追溯到成本对象的那一部分产品成本

会计学上的成本具有如下特征：第一，为了核算企业存货资产的价值以及本期会计利润，计算产品成本时，需要采用完全成本法。完全成本法是相对于变动成本法而言的。完全成本法是指将产品成本中的变动成本和固定成本都计入产品成本的成本核算方法。变动

成本法是指在计算产品成本时，只将随着产量变动而变动的成本，如直接材料、直接人工以及制造费用中的变动部分计入产品成本，而将会计期间内不随产量变动而变动的成本即固定成本直接转销当期利润。第二，产品成本的准确性存在问题。由于大多数固定成本属于间接成本，所以计入产品成本时，存在很大的随意性，最后导致完全成本法下的产品成本存在准确性问题。第三，会计成本一般遵循历史成本计价原则。以历史成本计价原则计算的产品成本以及由它确定的存货资产的价值以及本期的会计利润就能具备公允性。

（二）药材种植经济学上的成本

经济学上的成本是某一个生产单位产出一定量产品所付出的各种投入生产要素的价值之和。

马克思曾经指出："按照资本主义生产方式的每一个商品的价值，用公式来表示是W=C+V+M，如果我们从这个产品价值中减去剩余价值M，那么在商品中剩下来的，只是一个在生产要素上耗费的资本价值C+V的等价物或补偿价值。商品价值的这个部分，即补偿商品使资本家自身消耗的生产资料价格和所使用的劳动力价格的部分，只是补偿商品使资本家自身耗费的东西，所以对资本家来说，这就是成本价值。"因此，马克思主义经济学上的成本是生产中物化劳动和活劳动消耗的货币表现。

国外经济学家认为，经济学是要研究一个经济社会如何对稀缺资源的经济资源进行合理配置的问题。萨缪尔森认为："在稀缺的世界中选择一种东西意味着要放弃其他东西。一项选择的机会成本也就是所放弃的物品或劳动的价值。"从经济的稀缺性这个前提出发，当一个社会或一个企业用一定的经济资源生产一定数量的一种或者几种产品时，这些经济资源就不能同时被使用在其他的生产用途方面。这就是说，这个社会或这个企业所获得的一定数量的产品收入，是已放弃同样的经济资源来生产其他产品时所能获得的收入作为代价的。罗纳德・科斯指出，机会成本并不是一种由以交易为基础的复式会计系统所记录的历史成本。机会成本注重的是决策选择，而不是记录决策时发生的原始成本。

机会成本是经济学家分析成本的理论方法，或者说是一种计算成本的理论原则。企业的生产成本分为显成本和隐成本。显成本是指在生产要素市场上购买或租用所需要的生产要素的实际支出。例如，一个农民种植甘草，外购种子、化肥、农药、农机服务等都属于显成本；隐成本是指本身自己所拥有的且被用于生产过程的那些生产要素的总价格。例如，农户自有的资金的利息，自己的家庭成员劳动薪金都属于隐成本。总成本就是隐成本和显成本之和。那么经济利润就是总收益和总成本之间的差额。

（三）我国农产品生产成本收益的传统核算体系

1979年国家物价总局在河南省郑州市召开了全国农产品成本调查工作座谈会，对新中国成立以来部门开展的农产品成本调查工作进行了总结，并于1984年太原会议后出台了《关于加强农产品成本调查工作和若干问题的通知》，提出了农产品生产成本核算的指标体系，见表4-2。

表4-2　农产品生产成本收益的传统核算体系

指标	说明
一、总产值	总产值=主产品产值+副产品产值
1. 主产品产值	
2. 副产品产值	
二、总成本	总成本=物质费用+用工作价
1. 物质费用	
（1）直接物质费用	
种子秧苗费	
化肥费	
塑料薄膜费	
农药费	
机械作业费	
排灌费	
燃料动力费	
其他直接费用	
（2）间接物质费用	
固定资产折旧	
小农具购置及修理费	
管理费及其他	
销售费用	
2. 用工作价	
（1）直接生产用工	
播种前翻耕整地	

续表

种子准备与播种	
施肥	
排灌	
田间管理	
收获	
其他直接用工	
（2）间接生产用工	
积肥	
经济管理	
销售用工	
其他间接用工	
三、税金	
四、净产值	净产值=总产值–物质费用
五、减税纯收益	减税纯收益=总产值–总成本–税金
六、成本纯收益率	成本纯收益率=减税纯收益/总成本
七、成本外支出	

（四）我国农产品生产成本收益的现行核算体系

1997年年底，物价部门和有关部门根据新财务制度的规定，并考虑农业生产的实际情况，在农产品成本核算工作中重新调整和划分了农产品成本构成，对成本和费用项目作了重新划分，将与直接生产过程有关的物质消耗和工资作为制造成本，与直接生产过程无关但又与生产活动有关的费用作为期间费用。1997年修订后的指标体系于1998年实施，见表4–3。

表4-3　我国农产品生产成本收益现行核算体系

一、产品产量	
二、总产值	
1. 主产品产值	
2. 副产品产值	
三、其他收入	
四、生产成本	
（一）物质费用	
（1）直接物质费用	
种子秧苗费	
农家肥费	
化肥费	
塑料薄膜费	
农药费	
机械作业费	
排灌费	
燃料动力费	
其他直接费用	
（2）间接物质费用	
固定资产折旧	
小农具购置及修理费	
其他间接费用	
（二）用工作价	每日劳动日价=平均每人年生活消费支出×每个劳动力负担人口/全年劳动日天数
（1）直接生产用工	
播种前翻耕整地	
种子准备与播种	
施肥	
排灌	
田间管理	
收获	
其他直接用工	

续表

（2）间接生产用工	
积肥	
经济管理	
其他间接用工	
五、期间费用	
（一）土地承包费用	
（二）管理费用	
（三）销售费用	
（四）财务费用	
六、土地成本	
（一）流转地租金	
（二）自营地租金	
七、税金	
八、含税成本	
九、净产值	净产值=总产值–物质费用
十、减税纯收益	减税纯收益=总产值–总成本–税金
十一、成本纯收益率	成本纯收益率=减税纯收益/总成本
十二、成本外支出	

（五）两种农产品生产成本核算体系的区别及其特点

现行指标体系与以前的相比，主要有三点区别：

1. 将原来包含在“物质费用”中的与生产经营过程没有直接关系或关系不密切的“管理费用”“销售费用”分离出来，与农业生产实践中日渐显著的“财务费用”“土地承包费用”一并归入到“期间费用”项目。这样在产品成本的估价上就会存在差异，进而影响了农产品的收益。因为旧的指标体系中，农产品生产成本既包含了与生产经营过程有直接关系和关系密切的费用，也包含了与生产经营过程没有直接关系和关系不密切的费用。而现行体系中，把关系不密切的剔除，这样农产品的成本计价就会低于旧指标体系（表4–4）。

表4-4 新旧指标体系对收益的影响

	产量与销量的关系	旧指标体系	现行指标体系
盈亏计算	产量=销量	相等	相等
	产量>销量	较高	较低
	产量<销量	较低	较高

2. 增设了“其他收入”指标，用以核算农民从除主副产品之外的其他取代直接或间接得到的收入。

3. 增设了“含税成本”指标，用来反映生产成本+期间费用+税金。由于2005年绝大多数省份已取消了农业税。目前农业方面的税金主要是农业特产税。因此大多数品种的税金都将为0。

4. 增设了“土地成本”指标，用来反映流转地租金、自营地租金。土地成本，也可称为地租，指土地作为一种生产要素投入到生产中的成本。流转地租金指生产者转包他人拥有经营权的耕地或承包集体经济组织的机动地（包括沟渠、机井等土地附着物）的使用权而实际支付的转包费、承包费（或称出让费、租金等）等土地租赁费用；自营地租金指生产者自己拥有经营权的土地投入生产后所耗费的土地资源按一定方法和标准折算的成本，反映了自营地投入生产时的机会成本。土地成本由流转地租金和自营地租金构成，决不是指一块土地既有流转地租金又有自营地租金，也决不能说土地成本是由一块流转地上的租金水平和一块自营地的租金水平直接相加而成的，而是指由于存在流转地和自营地这两种性质的耕地，在汇总平均后，土地成本中就会包括流转地租金和自营地租金这两部分内容。

二、新疆中药材种植效益分析——以甘草为例

1. 生产成本概念

从广义上来说，生产成本即为甘草在种植（生产）过程中所需的各种费用（包括显性和隐性两种）的总和。

从狭义上来说，生产成本即为甘草在生产过程中直接发生的各种（包括显性和隐性两种）费用。例如，甘草种植中产生的各项生产资料费用和用工作价。物质费用又可以分为甘草生产的直接物质费用和甘草生产的间接物质费用。

间接物质费用是指与甘草直接生产有关、但需要分摊才能计入甘草生产的作物成本的费用，包括甘草生产的固定资产折旧、甘草生产的小农具购置及甘草生产资料修理费、甘草生产的其他间接费用。用工作价是统计部门按照实际投工量和农民平均工价计算的。具体的计算公式为：每日甘草生产的劳动日价=平均甘草生产的每人年生活消费支出/每个甘草生产的劳动力负担人口。全年甘草生产的劳动日天数，包括甘草生产的直接用工和甘草生产的间接用工。

直接物质费用是指甘草的直接生产过程中发生的、可以直接计入甘草生产的作物成本的费用，首先包括当年投入甘草生产的种子（秧苗）秧苗费；其次包括甘草生产的农家肥费；再次，包括化肥费、塑料薄膜费、农药费（主要是有机肥费）、蓄力费（租用的大牲口费）等；此外，还包括机械作业费（润滑油补充、机械损耗费等）、排灌费（地表水抽水灌溉、自来水费等）、燃料动力费（交通运输燃料动力、生产采摘燃料动力、冬天柴油取暖燃料动力费等）；最后包括其他直接费用等项目。

2. 成本构成

由于甘草生长和种植的特殊性，其成本主要包括种植、管理、采收三个阶段，涉及以下主要成本。

种植环节的成本可以分为种植成本和土地成本。

（1）种植成本：种植成本是指在作物种植过程中耗费的除土地成本外，包括资金、劳动力等所有资源的耗费。种植成本包括种植中发生的物质与资料费用和人工成本。

①物质与资料费用：指在甘草直接生产过程中消耗的各种农业生产资料的费用、购买各项服务的支出以及与甘草生产相关的其他实物或现金支出。具体可以分为以下项目：

种子费：种子费是指实际播种使用的种子、秧苗等支出。外购的种子按实际购买价格加运杂费计算。自产的以及接受其他企业与个人赠予的种子应按一般市场价格计算。

农药费：是指生产过程中实际耗用的除草剂、杀虫剂、灭菌剂等的费用。购买的农药按实际购买价格加运杂费计算，自产的农药按市场价格或成本价进行计算。

肥料费：肥料包括氮肥、磷肥、钾肥、复混肥等化学肥料和农家肥、有机肥等。肥料费是指作物种植环节施用的各种肥料的费用。购买的化肥按实际购买价格加运杂费计算。

水电费：水电费指的是种植环节发生的水电费用。其中，水费指的是灌溉费用，一般指生产者直接向供水机构购买灌溉用水的实际支出。

机械费用：可分为机械购置费和机械使用费两部分。机械购置费是指购置机械设备所发生的各项费用的之和，包括购买价款、运杂费以及购置过程中发生的人工成本。机械使用费是指为完成作物生产，过程中所使用的完成各项生产活动所需的机械设备的开支，包括燃料动力费、安拆费和场外运输费、技术服务费、修理维护费等税费。

其中，燃料动力费是指作物生产过程中消耗的煤、油等支出项目，主要包括油费和其他燃料费等费用。技术服务费，指支付的与农作物生产过程直接相关的技术培训、咨询费及其配套技术资料的费用。安拆费指机械的安装拆迁费用。包括在现场进行安装和拆卸所需的人工、材料、机械、试运转费用以及机械辅助设施的折旧、搭拆等费用。场外运输费是指机械在生产过程中从停放地点运至生产基地的运输、架线等费用。修理维护费，指用于修理和维护各种工具、器械和设备等支出的修理和维护费用。

其他直接费用：是指发生的较少的和难以划归为具体项目的直接费用，包括工具材料费、前期种植费用摊销、土地平整等发生的费用。其中，工具材料费是指种植环节发生的小工具及耗用材料的费用。如果价格低，就一次性摊销。如果价格高，就可以按年数分摊计算。

物质与资料费用可以分为直接费用和间接费用两部分。这里所涉及的直接费用构成项目包括：种子费、地膜费、化肥费、甘草专用除草剂（生物农药费）、机力费、水费、电费、滴灌系统费。

②人工成本：人工成本指企业在生产过程中所使用的劳动力产生的各项费用，一般可以分为员工工资和雇工费用两部分。员工工资可以通过在种植、加工环节的劳动量进行核算。具体公式为：种植环节工资=种植环节劳动天数÷劳动总天数×年总工资。雇工费用是指企业雇佣他人从事作物种植所花费的费用，一般包括支付给雇工的工资和合理的饮食费、招待费等。

（2）土地成本：土地是一种生产要素，投入到生产中会产生成本，也就是我们通常所说的地租，土地成本包括流转地租金和自营地租金。流转地租金指承包集体经济组织的土地使用权或转包他人拥有经营权的耕地而实际支付的转包费、承包费等。自营地租金指生产者把自己拥有经营权的土地投入生产，所耗费的土地资源按一定标准和方法折算出来的成本，它反映了自营地投入生产时的机会成本。

三、药材种植经济效益影响因素

（一）经济因素

甘草种植经济效益的最大化关键在于合理控制甘草种植的物质与费用投入，实现合理成本结构下增加种植甘草农户的收入。在农业生产的过程中，实现有效的成本控制是非常关键的，这里可以采用降低甘草种植成本与保证供应等两种方法控制农业生产过程中的生产资料成本增加，可以采取以下手段达到目标：首先需要进一步发挥现今存在的农村供销社，使得农民获得农业生产资料的主要渠道得到保证，另外还需要进行“供给合作社”的建立，这样利于进一步降低农资购买成本与各方面的费用，从而实现农业生产效益的提升。

据大量文献资料显示，人工成本对甘草生产成本具有非常显著的正影响。1978年以来，我国不断重视农业的发展，连续发布“中央一号文件”指导农业发展，推动农业产业化发展，提高农业机械化水平以降低农业劳动力投入，成效明显。虽然在甘草和其他农作物种植合作社用工数量明显低于小农户，但由于我国人多地少的基本国情不会改变，劳动报酬水平会随着社会经济的发展而提升。因此，在甘草种植中人工成本在生产成本中仍占有较大比例。

（二）法律因素

我国的科研、推广法律体系以政府公共部门为主，这是在特定的历史背景下形成的。政府除了制定相关农业推广法律政策外，还直接负责制定农业推广项目计划并组织实施，以及对国家农业推广机构的人、财、物进行管理。甘草种植的过程中无论是生产还是流通过程中，农业政策和法律都起到了重要的作用。就现阶段我国农业法规方面，甘草种植政策和保险补贴政策相关法律的匮乏，政策实施效果也不是很突出。只有不断建立健全甘草种植的法律法规政策才能保证甘草在生产和流通过程中的长久持效性。

其次，针对甘草产销问题，可以考虑国家政策的“走出去”战略，紧跟中央“一带一路”的战略，将地区甘草种植的规模收益拓展到“一带一路”的国家中去。随着我国跟“一带一路”有关国家经贸合作的深化，农业合作也必将得到较快的发展。种植甘草地区完全可以发挥本地农户种植甘草水平较高的优点，积极引导种植甘草农户实施“走出去”的战略，以从源头上解决农户提高种植甘草收益与种甘草用地之间的矛盾，并为“一带一路”有关国家带去较高的种植甘草技术，实现“一带一路”国家和农户的共赢。

（三）宏观政策因素

组织模式对甘草生产收益有一定影响，合作社能够给农民带来较高的收入，主要是因为合作社生产农产品如水果、甘草等，商品化程度较高，并且合作社的组织化程度较高，有利于甘草的大量销售；合作社相比较于小农户具备抵抗甘草生产风险的能力；合作社在销售甘草的环节可以节约交易成本，提高农民收益水平；在经营方面合作社的融资更加便利，可以实现持续经营。农业合作社在我国属于新型农业经营主体，参加合作社能够使农民规模化、标准化种植甘草，且集约化程度高、机械化水平高，能够有效节省人力物力的投入，从而降低甘草的生产成本提高农民收益。另外，合作社作为政府、企业和农户连接的纽带，可以实现甘草生产呈现产、供、销一体化发展。而在小农户种植甘草购买生产资料和投入人力方面，不能够实现集约化生产，投入的生产成本高于合作社，在提高农民种植甘草收益方面有局限性。

政府的宏观政策是甘草产业健康稳定发展的基本保障。农机购置补贴、农产品目标价格政策、土壤有机质提升政策、新型职业农民培育政策等都极大地提高了甘草种植户的种植积极性，促进了甘草种植产业的发展。加强政府的引导能力应从三个方面着手，一方面是不断加强农业的基础设施建设，提高甘草生产的机械化作业水平，增强甘草生产潜力；二是通过各种途径引导科研院所和农业企业投入到甘草种植的科技创新工作中，加大科研经费投入，理顺科研体制；三是通过加快信息化建设，大力开展物流建设，改善甘草生产销地之间的流通、推进批发市场建设等措施来保障甘草生产者与消费市场之间的信息畅通，运输快捷，提高甘草种植收益。

（四）市场因素

甘草市场交易价格是影响农民种植甘草收益最主要因素。甘草销售价格不仅会关系到当年农民种植甘草的收益，还会影响下一年农民种植甘草的积极性。所以稳定甘草的市场价格，有利于控制地区甘草栽培面积，保障甘草产量，保持较强的市场竞争力。

甘草市场供求信息不对称，影响甘草销售和流通。政府应建立起信息服务平台，为农户和消费者提供有效及时的信息。采取现代的营销手段，充分利用价格策略、促销策略、产品策略、渠道策略加快甘草的销售。同时，实施品牌战略，加强对甘草的宣传力度，营造出自身的甘草文化。

（五）技术因素

甘草种植技术的应用推广，对提高甘草生产水平有重要影响作用。积极推行科技化、程序化技术管理，加大技术创新力度，逐步实现以“自有技术为主，引进技术为辅”，研究制定出与甘草种植相配套的农业技术措施和对应程序，从而优化甘草种植技艺，提高甘草种植水平。加强对甘草种植各个环节科学技术应用的重视，从培育选择、科学施肥、节水灌溉、病虫害综合预防治理到园区管理等，全面提高甘草种植产量和质量。从目前来看，对于基层技术的推广服务尚未建立完善的体系，不能提供及时有效服务信息和技术，满足不了产业快速发展的需求。再加上媒体等传媒手段在短时间内并不能有效的替代，所以，我们务必要进行技术服务方式的创新、不断增加技术服务的手段和内容、积极推进城乡技术服务队伍的完善、建设服务推广试点基地、加强对甘草的技术咨询和技术服务，努力将科学技术转化为第一生产力传送给农户。

甘草种植在布局上应合理，因地制宜。以甘草主产区为重点，进一步优化甘草种植的区域布局。由于我国各地的资源、人口状况以及地方政策各不相同，因此，甘草种植要与自身所具备的自然资源优势相结合，充分发挥种植品种的特点。同时，注重农产品的专业化生产，学会采用现代农业理念推动农业发展，加强科学技术的运用，注重对农民的科技培育，提高农民自身的科学素质，将传统农业优势部分与现代农业相结合，增强农业种植的核心竞争力。

（六）其他因素

栽培模式对甘草种植生产成本也具有一定影响，由于露地栽培中甘草所需要的温度、天气等自然因素不易受控制，且物质与服务费用投入较小，甘草质量容易受自然因素影响，而如果采用设施栽培技术种植甘草可以较好地保障甘草的品质和控制其生产成本。其次，轮作套种对甘草生产成本也具有重要影响。采用轮作套种方式栽培甘草，可以有效降低甘草的生产成本，均衡土壤营养元素，保持土壤肥力，降低化肥及农家肥的投入量，免除和减少某些连作所特有的病虫草的危害，促使有利于抗击病原物的微生物活动，从而抑制病原物的滋生，减少农药的使用，降低甘草生产中物质投入，从而降低生产成本。

农户议价能力：农产品如蔬菜、水果、甘草等在销售中大多存在这样一种现象，由于种植农户的分散，很难与农产品加工企业进行议价。为了改变农民的弱势地位，需要积极建立农民合作社或农民协会之类的农村组织来增强农民的议价权，同时需要政府改变以前的功能，以此来保证农户的权利。但这种政府干预行为不能长久持续，为此需要加强农户自身的谈判力，因此可以鼓励农民组建合作社等农村组织。

参考文献

[1] 方奇，陈章水．新疆喀什地区新疆杨地理产区区划的研究[J]．林业科学研究，1989（06）：570–575.

[2] 喀什地区统计局，国家统计局喀什调查队．喀什地区2018年国民经济和社会发展统计公报[N]．喀什日报（汉），2019–05–01（005）.

[3] 王朋岗．西部民族地区贫困的人口学因素分析——以新疆南疆三地州为例[J]．西北人口，2013（01）：173–178.

[4] 和田地区统计局．2017年和田地区国民经济和社会发展统计公报[N]．和田日报（汉），2018–04–24（003）.

[5] 阿迪力・努尔．新疆南疆三地州人口与经济发展的关系研究[J]．新疆财经，2013（4）：43–51.

[6] 克孜勒苏柯尔克孜自治州统计局．克孜勒苏柯尔克孜自治州2018年国民经济和社会发展统计公报[N]．克孜勒苏日报（汉），2019–06–12（003）.

[7] 宋水平．注重区域历史地理记述，增强志书历史厚重感——以《阿克苏地区志》为例[J]．新疆地方志，2009（01）：44–46.

[8] 中国科学院新疆生物土壤沙漠研究所．新疆药用植物志（第一册）[M]．乌鲁木齐：新疆人民出版社，1977.

[9] 中国科学院新疆生物土壤沙漠研究所．新疆药用植物志（第二册）[M]．乌鲁木齐：新疆人民出版社，1981.

[10] 中国科学院新疆生物土壤沙漠研究所．新疆药用植物志（第三册）[M]．乌鲁木齐：新疆人民出版社，1984.

[11] 李志军等．新疆塔里木盆地野生药用植物图谱[M]．北京：科学出版社，2014.

各论

板蓝根

ban lan gen

本品为十字花科植物菘蓝*Isatis indigotica* Fort.的干燥根。板蓝根又名大蓝根、菘蓝，通常在秋季进行采挖，炮制后可入药。

一、植物特征

二年生草本。主根深长，外皮灰黄色。茎直立。叶互生；基生叶较大，具柄，叶片长圆状椭圆形；茎生叶长圆形至长圆状倒披针形，在下部的叶较大，渐上渐小，先端钝尖，基部箭形，半抱茎，全缘或有不明显的细锯齿。阔总状花序：花小，无苞，花梗细长；花萼4，绿色；花瓣4，黄色，倒卵形；雄蕊6，4强；雌蕊1，长圆形。长角果长圆形，扁平翅状，具中肋。种子1枚花期5月。果期6月。（图1）

图1　菘蓝

二、资源分布概况

板蓝根在我国各地均有栽培，主要分布在西北、华北、东北地区。近些年来新疆、甘肃、内蒙古、黑龙江等地的板蓝根药材种植面积日益扩大，已经逐渐作为全国板蓝根药材种植的重要区域。

三、生长习性

板蓝根对土壤适应性较强，可在pH为6.5～8.0深厚肥沃的土壤中种植。板蓝根为深根系植物，具有抗寒、耐旱、忌涝的特性，特别适合生长在温暖向阳、地势平坦、透气性好的气候环境中和排水性好、土层深厚、含有机质高的砂壤土或壤土中。板蓝根正常生长发育过程必须经过冬季低温阶段，方能开花结籽，故生产上利用这一特性，采取春播或夏播，当年收割叶子和挖取其根，种植时间为5～7个月。如按正常生育期栽培，仅作留种用。

四、栽培技术

1. 整地施肥

（1）选地　板蓝根在土层深厚、疏松肥沃、排水良好、含腐殖质丰富的沙质土壤或轻壤土，灌溉保障、排水方便的土壤环境下生长良好，不宜在黏重土和低洼地栽培。种植板蓝根宜选择地势平坦、土层深厚、排水良好、疏松肥沃的沙壤土。

（2）整地施肥　种前每亩施腐熟农家基肥3000～4000千克，结合土壤肥力和盐碱程度适度施用尿素和过磷酸钙，把基肥撒匀后，深耕一次，深耕25～30厘米，以使板蓝根主根生长顺直、光滑、不分杈，然后耙耱平整。

2. 品种选择

我国各产区所用的均为菘蓝，但由于长期栽培的结果，形成了很多地方品种，引种时加以注意。

种子质量：纯度95%以上，净度97%以上，发芽率85%以上。

3. 播种

种子处理：播种前应浸种催芽，方法是用30～40℃的温水浸种3～4小时，捞起后堆置于阴凉处，上面覆盖草帘在25～30℃的温度下催芽3～4天，并经常翻动种子，大部分种子露芽后即可播种。

播种时间：4月下旬至5月上旬播种。

播种量：667平方米播量：2～2.5千克。

播种方法：一般采用条播，在整好的地上，按行距20～25厘米，开2～3厘米浅沟，然后将种子均匀撒入沟内，覆土1～1.5厘米，稍加镇压；也可采用5行或5行播种机条播。播种完成后立即浇水。

4. 田间管理

查苗定苗：出苗后及时查苗补苗，苗高7厘米时及时间苗；苗高10厘米时按柱距6～8厘米定苗，间苗、定苗后及时松土、除草，减少水分蒸发。

中耕除草：齐苗后进行第一次中耕除草，中耕宜浅，搂松表土即可，杂草要除净，保持地表疏松、无杂草。

追肥：以收获大青叶为主时，一年要追3次肥。第1次追肥在定苗后，每亩追施氮磷钾（15：15：10）复合肥10千克、尿素10～15千克，在行间开沟施入。第2、3次都在收割叶子后立即追施尿素7～10千克，结合浇水施入。以收获板蓝根为主的，生长期不割叶子、少追氮肥。定苗后，每亩可追施氮磷钾（15：15：10）复合肥30千克。

灌水：播种后，要保持土壤湿润。幼苗期不宜过早浇水，以利蹲苗，土壤严重干旱时，要及时浇水。生长前期浇水不宜过多，宜干不宜湿，以促进根部向下生长。生长中、后期可适当多浇水，保持土壤干湿交替。雨季应注意在早、晚浇灌，切忌在阳光暴晒下进行。

五、病虫害防治

1. 病害及其防治

板蓝根主要病害为霜霉病、菌核病、白锈病。霜霉病于7～8月高温、多湿季节发病严重。发病时，叶片背面产生白色或灰白色的霉状物，严重发病时叶鞘变褐色，叶片枯萎。与禾本科作物轮作可减少病害发生。必要时采用药物防治，每隔7天一次，连续2～3次。

2. 虫害及其防治

主要虫害有菜青虫、蚜虫、斑潜蝇等。均以危害叶片为主，必要时用生物农药进行防治。

六、采收加工

收获大青叶：以收大青叶为主的，在收根前，可收割2次，时间7月中下旬和10月上旬，收割时要自茎部离地面2厘米处割取，以利发新叶；伏天高温季节不宜收割，以免引起叶片死亡。收割后的叶子晒干，即成药用大青叶。以叶大、少破碎、干净、色墨绿，无霉味为佳。（图2）

收获板蓝根：生长期不割叶子或只割一次叶子，应于入冬前选晴天采挖，挖时务必刨深，以防把根刨断。起土后，去净泥土和茎叶，快速冲洗，摊晒至七八成干，分级扎成小捆，再晒至全干即可。以根条长直、粗壮均匀、坚实粉足者为佳。

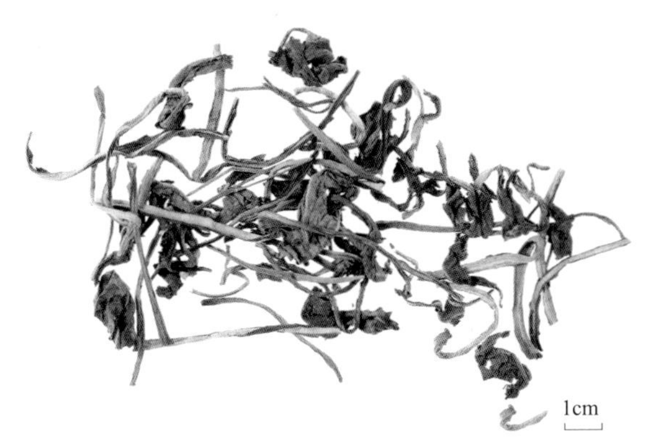

图2　大青叶药材图

七、药典标准

1. 药材性状

药材呈圆柱形，稍扭曲，长10～20厘米，直径0.5～1厘米，表面淡灰黄色或泼黄色，有纵皱纹及横生皮孔，并有支根或支根痕，可见暗红绿色或棕色轮状排列的叶柄残基和密集的疣状突起，体实，质略软，断面皮部黄白色，气嫩，叶微甜后苦涩。（图3）

图3　板蓝根药材图

2. 显微鉴别

本品横切面　木栓层为数列细胞。栓内层狭。韧皮部宽广，射线明显。形成层成环。

木质部导管黄色，类圆形，直径约至80微米；有木纤维束。薄壁细胞含淀粉粒。

3. 检查

（1）水分　不得过15.0%。

（2）总灰分　不得过9.0%。

（3）酸不溶性灰分　不得过2.0%。

4. 浸出物

用45%乙醇作溶剂，醇溶性冷浸出物不得少于25.0%。

八、仓储运输

1. 仓储

按中药饮片要求规格包装，须防压，包装应挂标签，标明品名、重量、规格、产地、批号和商标等内容。存放于阴凉干燥处，注意防潮、防虫，长期贮存特别要注意防虫。

2. 运输

需要防止受潮，防止与有毒、有害物质混装。

九、药材规格等级

统货。

十、药用食用价值

板蓝根的根部和叶均可入药，一般将其根称为板蓝根，叶子称为大青叶。板蓝根作为传统的清热解毒类药，有清热利咽、凉血解毒之功效，常用于外感发热、温病初起、咽喉肿痛、痄腮、丹毒等症状。现代药理研究表明，板蓝根对流感病毒、革兰阳性菌、革兰阴性菌、腮腺病毒、虫媒病毒等均有明显的抑制作用，另外，板蓝根所含的多糖具有增强机体免疫功能和抗氧化作用等。大青叶具有清热解毒，凉血消斑的功效，主治热入营血、温毒发斑、喉痹口疮、痄腮丹毒。

地锦草

di jin cao

本品为大戟科植物地锦*Euphorbia humifusa* Willd.或斑地锦*Euphorbia maculata* L.的干燥全草。

一、植物特征

1. 地锦

一年生草本；根纤细，常不分枝。茎匍匐，自基部以上多分枝，偶尔先端斜向上伸展，基部常红色或淡红色，被柔毛或疏柔毛。叶对生，矩圆形或椭圆形，先端钝圆，基部偏斜，略渐狭，边缘常于中部以上具细锯齿；叶面绿色，叶背淡绿色，有时淡红色，两面被疏柔毛；叶柄极短。花序单生于叶腋，基部具短柄；总苞陀螺状，边缘4裂，裂片三角形；腺体4，矩圆形，边缘具白色或淡红色附属物。雄花数枚，近与总苞边缘等长；雌花1枚，子房柄伸出至总苞边缘；子房三棱状卵形，光滑无毛；花柱3，分离；柱头2裂。蒴果三棱状卵球形，成熟时分裂为3个分果爿，花柱宿存。种子三棱状卵球形，长约1.3毫米，直径约0.9毫米，灰色，每个棱面无横沟，无种阜。花、果期5～10月。（图1）

图1　地锦

2. 斑地锦

一年生草本；根纤细。茎匍匐，被白色疏柔毛。叶对生，长椭圆形至肾状长圆形，先端钝，基部偏斜，不对称，略呈渐圆形，边缘中部以下全缘，中部以上常具细小疏锯齿；叶面绿色，中部常具有一个长圆形的紫色斑点，叶背淡绿色或灰绿色，新鲜时可见紫色斑，干时不清楚，两面无毛；叶柄极短；托叶钻状，不分裂，边缘具睫毛。花序单生于叶腋，基部具短柄；总苞狭杯状，外部具白色疏柔毛，边缘5裂，裂片三角状圆形；腺体4，黄绿色，横椭圆形，边缘具白色附属物。雄花4～5，微伸出总苞外；雌花1，子房柄伸出总苞外，且被柔毛；子房被疏柔毛；花柱短，近基部合生；柱头2裂。蒴果三角状卵形，被稀疏柔毛，成熟时易分裂为3个分果爿。种子卵状四棱形，灰色或灰棕色，每个棱面具5个横沟，无种阜。花、果期4～9月。

二、资源分布概况

地锦草在全国区域内多有分布，于路边、花园、庭屋院落等地常见，为一年生草本植物，采收季节一般在夏、秋两季。目前，除部分药用外多作为杂草处理。由于地锦草的这些特点，使得其具有资源丰富、药源广泛、廉价易得等开发优势。

三、生长习性

地锦草性喜温暖湿润的气候，稍耐隐蔽环境，有较强的耐湿力，种植时应该选择土质疏松、肥水、排水良好的沙壤土或壤土种植，也可以和玉米套作。如果是荒地种植时，要对其进行深翻多次，使土壤充分风化，再根据土壤的肥料状况施入基肥，基肥以有机肥为主，将其均匀的撒在土壤上，结合翻耕混合均匀，再做畦或起垄。

四、栽培技术

1. 整地

选择地势平坦，不积水的沙壤土质的土地。肥力不足的，可每公顷施入腐熟的农家肥30～50吨作底肥。

2. 播种

春播4月，种子与草木灰或消毒灭菌细沙拌匀，下种量为每公顷7.5千克，按行距20厘米开沟条播，沟深2～3厘米，将种子均匀播入沟内，薄覆细土，稍加镇压，然后喷水浇透。

3. 田间管理

播种后的3～5天内、出苗前，喷施1次除草剂。出苗时间大致为10～20天，出苗率可达90%以上，出苗后，及时拔除杂草。当年平均苗高可达0.65米、平均地径可达0.29厘米。在10月末叶子基本落光后，可以起苗、分级、入窖储存。也可以露天越冬，在封冻前对苗床浇一次透水。

五、病虫害防治

地锦草的病害主要有煤污病，要加强田间管理，适当的密植，及时剪掉病枝和密枝，增加植株间的通透性，在夏季高温多雨时，降低田间湿润度，及时排水，发病时可喷洒药剂防治。虫害有蚜虫、蛴象、木虱等刺吸式害虫，发病后可喷洒生物农药进行防治。

六、采收加工

10月采收全株，洗净，晒干或鲜用。

七、药典标准

1. 药材性状

地锦草常皱缩卷曲，根细小。茎细，呈叉状分枝，表面带紫红色，光滑无毛或疏生白色细柔毛；质脆，易折断，断面黄白色中空。单叶对生，具淡红色短柄或几无柄；叶片多皱缩或已脱落，展平后呈长椭圆形，长5～10毫米，宽4～6毫米；绿色或带紫红色，通常无毛或疏生细柔毛；先端钝圆，基部偏斜，边缘具小锯齿或呈微波状。杯状聚伞花序腋生，细小。蒴果三棱状球形，表面光滑。种子细小，卵形，褐色。气微，味微涩。（图2）

斑地锦叶上表面具红斑。蒴果被稀疏白色短柔毛。

图2　地锦草子药材图

2. 显微鉴别

（1）地锦草粉末特征　呈绿褐色。叶肉细胞多角形，有的含乳汁；叶肉组织中，细脉末端周围的细胞放射状排列成类圆形；气孔不定式；花粉粒类圆形，具3孔沟；非腺毛由3～8细胞组成，直径约14μm，其他有纤维、乳管和种皮细胞。

（2）斑地锦粉末特征　与地锦草粉末显微特征主要区别是非腺毛众多，非腺毛壁上细小突起更明显；乳管内含颗粒状物和板状物，叶中乳管较易观察。

3. 检查

（1）杂质　不得过3.0%。

（2）水分　不得过10.0%。

（3）总灰分　不得过12.0%。

（4）酸不溶性灰分　不得过3.0%。

4. 浸出物

用75%乙醇作溶剂，醇溶性浸出物不得少于18.0%。

八、仓储运输

1. 仓储

符合《国家中医药管理局中药饮片包装管理办法》（试行）、GB/T 6543—2008的要求。适宜贮藏于温度小于25℃、相对湿度小于60%的通风库房内。注意防潮、防虫，长期贮存特别要注意防虫。

2. 运输

防止受潮，防止与有毒、有害物质混装。

九、药材规格等级

统货。

十、药用食用价值

现代药理学研究证明，单味地锦草及包含地锦草在内的复合制剂均表现出抗菌、抗氧化、抗炎、抗过敏、抗肿瘤、免疫调节、保肝、止血等广泛的生物活性。此外，采用地锦草治疗菌痢、肠炎、多种原因引起的出血症等疾病已被应用于中医临床，维医常使用地锦草复方治疗银屑病、过敏引发的皮炎及瘙痒、皮肤浅表性真菌感染等疾病。此外，以地锦草为君药，通过辅助现代制剂工艺，具有凉血止血、治疗痢疾及肠炎、痈肿疮疔等功效的地锦草片、软膏等产品已渐入市场。

本品为豆科植物甘草*Glycyrrhiza uralensis* Fisch.、胀果甘草*Glycyrrhiza inflata*.Bat.、光

果甘草*Glycyrrhiza glabra* L.的干燥根和根茎。

一、植物特征

1. 甘草

多年生草本；根与根状茎粗壮，外皮褐色，里面淡黄色，具甜味。茎直立，多分枝，密被鳞片状腺点、刺毛状腺体及白色或褐色的绒毛；托叶三角状披针形，两面密被白色短柔毛；叶柄密被褐色腺点和短柔毛；小叶5～17枚，卵形、长卵形或近圆形，上面暗绿色，下面绿色，两面均密被黄褐色腺点及短柔毛，顶端钝，具短尖，基部圆，边缘全缘或微呈波状，多少反卷。总状花序腋生，具多数花，总花梗短于叶，密生褐色的鳞片状腺点和短柔毛；苞片长圆状披针形，褐色，膜质，外面被黄色腺点和短柔毛；花萼钟状，密被黄色腺点及短柔毛，基部偏斜并膨大呈囊状，萼齿5，与萼筒近等长，上部2齿大部分连合；花冠紫色、白色或黄色，旗瓣长圆形，顶端微凹，基部具短瓣柄，翼瓣短于旗瓣，龙骨瓣短于翼瓣；子房密被刺毛状腺体。荚果弯曲呈镰刀状或呈环状，密集成球，密生瘤状突起和刺毛状腺体。种子3～11，暗绿色，圆形或肾形。花期6～8月，果期7～10月。（图1）

图1　甘草

2. 胀果甘草

多年生草本；根与根状茎粗壮，外皮褐色，被黄色鳞片状腺体，里面淡黄色，有甜味。茎直立，基部带木质，多分枝；托叶小三角状披针形，褐色，长约1毫米，早落；叶柄、叶轴均密被褐色鳞片状腺点，幼时密被短柔毛；小叶3～7（～9）枚，卵形、椭圆形或长圆形，先端锐尖或钝，基部近圆形，上面暗绿色，下面淡绿色，两面被黄褐色腺点，沿脉疏被短柔毛，边缘或多或少波状。总状花序腋生，具多数疏生的花；总花梗与叶等长或短于叶，花后常延伸，密被鳞片状腺点，幼时密被柔毛；苞片长圆状披针形，长约3毫米，密被腺点及短柔毛；花萼钟状，密被橙黄色腺点及柔毛，萼齿5，披针形，与萼筒等长，上部2齿在1/2以下连合；花冠紫色或淡紫色，旗瓣长椭圆形，先端圆，基部具短瓣柄，翼瓣与旗瓣近等大，明显具耳及瓣柄，龙骨瓣稍短，均具瓣柄和耳。荚果椭圆形或长圆形，直或微弯，二种子间胀膨或与侧面不同程度下隔，被褐色的腺点和刺毛状腺体，疏被长柔毛。种子1～4枚，圆形，绿色。花期5～7月，果期6～10月。

3. 光果甘草

多年生草本；根与根状茎粗壮，根皮褐色，里面黄色，具甜味。茎直立而多分枝，基部带木质，密被淡黄色鳞片状腺点和白色柔毛，幼时具条棱，有时具短刺毛状腺体。托叶线形，早落；叶柄密被黄褐腺毛及长柔毛；小叶11～17枚，卵状长圆形、长圆状披针形、椭圆形，上面近无毛或疏被短柔毛，下面密被淡黄色鳞片状腺点，沿脉疏被短柔毛，顶端圆或微凹，具短尖，基部近圆形。总状花序腋生，具多数密生的花；总花梗短于叶或与叶等长（果后延伸），密生褐色的鳞片状腺点及白色长柔毛和绒毛；苞片披针形，膜质；花萼钟状，疏被淡黄色腺点和短柔毛，萼齿5枚，披针形，与萼筒近等长，上部的2齿大部分连合；花冠紫色或淡紫色，旗瓣卵形或长圆形，顶端微凹，瓣柄长为瓣片长的1/2，龙骨瓣直；子房无毛。荚果长圆形，扁，微作镰形弯，有时在种子间微缢缩，无毛或疏被毛，有时被或疏或密的刺毛状腺体。种子2～8颗，暗绿色，光滑，肾形。花期5～6月，果期7～9月。

3种甘草的特征与区别见表1。

表1　3种甘草的特征与区别

品名	特征	区别
甘草（*G.uralensis* Fisch.）	小叶7～17枚，卵形或椭圆形，全缘。总状花序腋生，花淡紫色或紫红色。荚果镰刀状弯曲，棕色，密生刺状腺毛。常密集成球状	荚果长而弯曲成近环状，药材以皮红粉性足为特征
胀果甘草（*G.inflata*.Bat.）	小叶3～7（9）枚，卵形、椭圆形或长圆形，果实较直或略弯，表面无刺状腺毛，果序不密集成球状	荚果短，膨胀，以甘草酸含量高为特色

续表

品名	特征	区别
光果甘草（*G.glabra*.L.）	小叶11～17枚，叶柄密被黄褐色腺毛及长柔毛，果序稀疏，荚果长圆形、扁，无毛或疏被毛，种子通常2～8枚	荚果瘦、长圆形，扁，略弯曲，其药材皮为褐色或黄色，品质与北欧分布的甘草品种品质相近

二、资源分布概况

乌拉尔甘草主要分布于我国东北、华北、西北等地，生境多为山前草地、前山中部草原带、沿河谷草甸或林缘、绿洲垦区、沿灌渠两旁、盐渍化或土壤贫瘠的弃耕地等区域；胀果甘草主要分布于新疆南部的塔里木盆地边缘地带、焉耆盆地和东部的吐鲁番和哈密地区，以及甘肃西部的酒泉、敦煌等地区。光果甘草主产于新疆，主要分布于天山北坡石河子、沙湾、精河等地和伊犁地区，以及南疆的焉耆盆地、阿克苏地区和喀什地区，在甘肃西部边缘地区也偶有分布。

目前甘草的人工种植以乌拉尔甘草为主，主产区在内蒙古、甘肃、青海、新疆等地。此外，胀果甘草、光果甘草在新疆有少量种植。

三、生长习性

甘草多生长在干旱、半干旱的沙土、沙漠边缘和黄土丘陵地带，在田野和河滩地里也易于繁殖。它适应性强，抗逆性强。

甘草喜光照充足、降雨量较少、夏季酷热、冬季严寒、昼夜温差大的生态环境，具有喜光、耐旱、耐热、耐盐碱和耐寒的特性。适宜在土层深厚、土质疏松、排水良好的砂质土壤中生长。三种甘草的耐盐碱性依次为胀果甘草＞甘草＞光果甘草。

四、栽培技术

适宜选择阳光充足，土层深厚、疏松肥沃、排水良好的沙土或沙壤土，pH值7.5～8.5；地势平坦，风沙危害较小，有一定灌溉条件，地下水位＞100厘米，土层≥60厘米的沙土或沙壤土地。育苗地要求腐殖质丰富。高盐碱、低洼积水、黏重土壤的土地均不适宜种植。

（一）整地

1. 深耕细耙

选地后及时翻耕，以秋翻为好，秋耕应与清地、施基肥密切配合，秋耕深度大于40厘米，深浅要一致，地表植物残株和肥料等全部严密覆盖，以消灭越冬虫卵、病菌及杂草。耕行要直，耕后地表要平整，不漏耕，坡地翻耕时要沿等高线行走向坡下翻耕。春播地入冬前灌足水为佳，播种前一般先深耕30厘米左右并旋松耙平，深耕细耙可以改善土壤理化性状，促使植株根系的生长，如土壤墒情不足，应先灌水后再耙。

2. 施足基肥

基肥以农家肥为主，耕地前，施充分腐熟的农家肥30～45吨/公顷，深翻混匀，播种前再深耕细耙。

3. 作畦

喷灌与滴灌灌溉的地，综合其灌溉设计能力和土地坡度的走向等地形因素划分地块，形成条田，不需要作畦；渠灌地必须依据地势与地块大小打埂分畦，育苗地≥0.03公顷/畦，生产地1～4公顷/畦为宜，以利土地整平，便于灌溉。

（二）播种

1. 繁殖材料

甘草繁殖根据种植条件和要求的不同可采用有性（种子）和无性（扦插）两种繁殖方法，因此繁殖材料有种子和插条两种。

（1）种子选择　应选用采自无病虫害产区，或传统野生药材产区，按品种特征精选已变黄色、饱满、无病虫害的荚果，去壳、除杂，得灰绿色、灰褐色、扁圆卵形种子（表2）。

表2　甘草种子质量指标（%）

<table>
<tr><th>项目
作物名称</th><th colspan="2">级别</th><th>纯度
不低于</th><th>净度
不低于</th><th>发芽率
不低于</th><th>水分
不高于</th></tr>
<tr><td rowspan="4">甘草
Glycyrrhiza uralensis Fich.</td><td rowspan="2">原种</td><td>一级</td><td rowspan="2">99.0</td><td>96.0</td><td rowspan="4">80.0</td><td rowspan="4">12.0</td></tr>
<tr><td>二级</td><td>92.0</td></tr>
<tr><td rowspan="2">良种</td><td>一级</td><td rowspan="2">97.0</td><td>96.0</td></tr>
<tr><td>二级</td><td>92.0</td></tr>
<tr><td rowspan="4">胀果甘草
Glycyrrhiza inflata Bat.</td><td rowspan="2">原种</td><td>一级</td><td rowspan="2">99.0</td><td>96.0</td><td rowspan="4">80.0</td><td rowspan="4">12.0</td></tr>
<tr><td>二级</td><td>92.0</td></tr>
<tr><td rowspan="2">良种</td><td>一级</td><td rowspan="2">97.0</td><td>96.0</td></tr>
<tr><td>二级</td><td>92.0</td></tr>
<tr><td rowspan="4">光果甘草
Glycyrrhiza glabra L.</td><td rowspan="2">原种</td><td>一级</td><td rowspan="2">99.0</td><td>96.0</td><td rowspan="4">80.0</td><td rowspan="4">12.0</td></tr>
<tr><td>二级</td><td>92.0</td></tr>
<tr><td rowspan="2">良种</td><td>一级</td><td rowspan="2">97.0</td><td>96.0</td></tr>
<tr><td>二级</td><td>92.0</td></tr>
</table>

（2）插条选择　选择直径1～1.5厘米、芽眼均匀分布间隔2～5厘米的健壮、无病虫害的根条。

2. 种子处理

甘草种子种皮有不透水角质层，种植前必须进行破皮处理。

（1）物理方法　碾米机快速碾2～4次，至90%的甘草种皮有明显的破损为宜；60～80℃热水浸种4～10小时，至80%的种子发胀，捞出，凉水激过，再60℃热水浸种2～4小时后，清洗，晾干，即可播种。

（2）化学方法　向甘草种子内加入浓硫酸（98%）边搅拌边加入，至种子全部浸润，室温放置30～90分钟，温度低可以适当延长时间，待种皮灰色变淡，清水洗净至无酸性为止，晾干，即得。

3. 播种时间

春季，3～4月；秋季在8～9月气温下降至24℃前皆可播种。

4. 播种方式

可采用无性插条、种子直播、育苗移栽、膜下滴灌直播四种方式。

（1）无性插条　土地墒情适宜时，取直径1～1.5厘米，芽眼间隔2～5厘米的健壮根系，截成10～15厘米的段，开沟或穴栽，行距30～35厘米，株距15～20厘米，斜放，覆土压实，注意保墒。

（2）种子直播　整地灌水2～5天后，土壤湿度以地可机耕，墒情好时播种；行距30～35厘米，播种量30～45千克/公顷；播种深度1～1.5厘米；播后耙耱保墒。

（3）育苗移栽　甘草育苗移栽方法同种子直播，作1.5～3.0米宽畦，长度根据地形确定，一般以5～10米为宜，播种行距25～30厘米，播种量可根据地力控制在75～120千克/公顷；次年起苗时应先浇水，在苗侧开≥40厘米的沟，将甘草苗拽出，选择根长≥30厘米甘草苗，按粗细分开，扎捆，露出根芽，及时移栽或覆土假植；甘草在春秋两季均可移栽，春季以解冻后、甘草未萌发新芽为宜，秋季以甘草枝叶绿尽、未上冻前为宜，移栽前必须灌溉，浇水3～5天后，按行距30～40厘米，株距10～15厘米，移栽密度控制在1.2万～1.5万株/亩，深度5～10厘米，根苗头略向上斜放在沟内，覆土压实。

（4）覆膜滴灌直播　采用50厘米地膜，膜上点播。行距30～35厘米、接行60厘米，平均行距33厘米，株距5～8厘米以下，播种深度2～2.5厘米。滴灌带采用一膜双管模式，铺设在20厘米窄行间，播种、铺管、覆膜一次完成。铺膜平展，压膜严实，膜面干净平展、种穴膜孔不错位、播行端直、行距一致、播种深度适宜、下籽均匀、覆土严密、接行准确，播种到头到边。毛管铺设要宽松，不要太紧，两头固定，毛管流道向上，有断头时用直通接头接好。及时安装滴灌节水设备，做到播完一块安装一块，保证及时滴出苗水，确保早出苗、出全苗。

（三）田间管理

1. 中耕除草

禁止使用化学除草剂，以农业措施为主，及时人工除草。危害较严重的菟丝子必须在其未开花前，连寄主苗一起割除，并清除出田。

甘草直播或移栽当年，宜中耕3～4次，防止土壤板结，间苗和除草，以后逐年减少；每年第一次中耕，在苗出齐后，杂草幼苗期进行，以除草为主；其后每次浇水后中耕，松土除草或间苗；直播地间苗株距根据甘草株高逐步扩大至15～20厘米。干播湿出地：要及时滴水出苗，播后3天内进行滴水，滴水量控制在180～225方/公顷，保证25厘米左右的渗水深度。播后遇雨时，及时破除板结。

2. 灌溉

适时适量灌溉是保障甘草质量和产量的关键。具体灌溉应视土壤类型和盐碱度而定，沙性无盐碱或微盐碱土壤，土壤墒情差，播种后即可灌水或滴水；土壤黏重或盐碱较重，应在播种前浇水，适墒播种，出苗前不灌水，以免土壤板结和盐碱度上升。栽培甘草的关键是保苗，则待苗出齐后，植株呈缺水状时灌溉；墒情较差或气候干燥造成缺水，可适时浇灌，忌积水。种植次年后，甘草进入生长期具有较强的抗旱能力，保水能力好的地，只需在春季、入冬前各灌溉一次，缺水地需根据旱情增加灌溉次数，一般为3～4次。有条件的地方也可采用喷灌、滴灌技术保持土壤湿润。

3. 施肥

甘草具有较强的固氮能力，在须根（毛根）、直根均可着生固氮根瘤。甘草地在整地时施有机基肥外，需肥量少，一般可在每年发芽后，苗高10～15厘米时施用“甘草专用肥”和每年早春追施磷肥。

五、病虫害防治

1. 病害

根腐病：多发生在高温、高湿状态，发病初期，个别须根变褐腐烂，后逐渐向主根扩展，根部腐烂，并导致植株死亡。

防治方法　选择沙质土壤、排水通畅的地块，尽可能避免在高温天气下灌溉，特别是渠灌，必须在夜间进行，并避免积水。发病期使用国家GAP准许的农药托布津、多菌灵、百菌清等防治。

2. 主要虫害

（1）地下害虫　蛴螬、地老虎等，危害甘草根部，一般在6～9月发生，主要啃食甘草地下根茎，使甘草发育不良或死亡。以秋季深耕细耙，破坏其生境直接杀伤预防为主；危害时可以用捕杀法或诱杀法等常规方法防治。

（2）地上害虫　叶甲、蚜虫等，危害甘草叶片，使植株发育不良。回苗期应及时清除枯枝叶。危害严重时及时选择高效低毒生物农药处理。在距采收60天内，禁止喷洒农药。

六、采收加工

1. 采收时间

甘草生长2～3年，甘草根含量检测达到《中国药典》“甘草”项下标准时，可选择深秋入冬前，甘草地上部分枯黄后或春季土壤解冻后，甘草植株萌发前采收。

2. 采收方法

采挖前将甘草地上茎割除，拖拉机带特制的犁铧（铧长大于40厘米）顺垄犁翻采挖，人工捡出甘草根。

3. 加工

（1）加工场所　符合国家GAP规定的卫生要求，场地干净整洁，远离交通干道和污染源，要与生活区严格分开，防止生活污染。

（2）加工方法　采收甘草，净水洗去泥土，按粗细分等晾晒，半干时切除毛草及侧根等，主根切成30～50厘米长的段，捆成把，置干净、通风的阴凉处，继续晾至干透。

七、药典标准

1. 药材性状

（1）甘草　根呈圆柱形。外皮松紧不一。表面红棕色或灰棕色，具显著的纵皱纹、沟纹、皮孔及稀疏的细根痕。质坚实，断面略显纤维性，黄白色，粉性，形成层环明显，射线放射状，有的有裂隙。根茎呈圆柱形，表面有芽痕，断面中部有髓。气微，味甜而特殊。（图2a）

（2）胀果甘草　根及根茎木质粗壮，有的分枝，外皮粗糙，多灰棕色或灰褐色。质坚硬，木质纤维多，粉性小。根茎不定芽多而粗大。（图2b）

（3）光果甘草　根及根茎质地较坚实，有的分枝，外皮不粗糙，多灰棕色，皮孔细而不明显。（图2c）

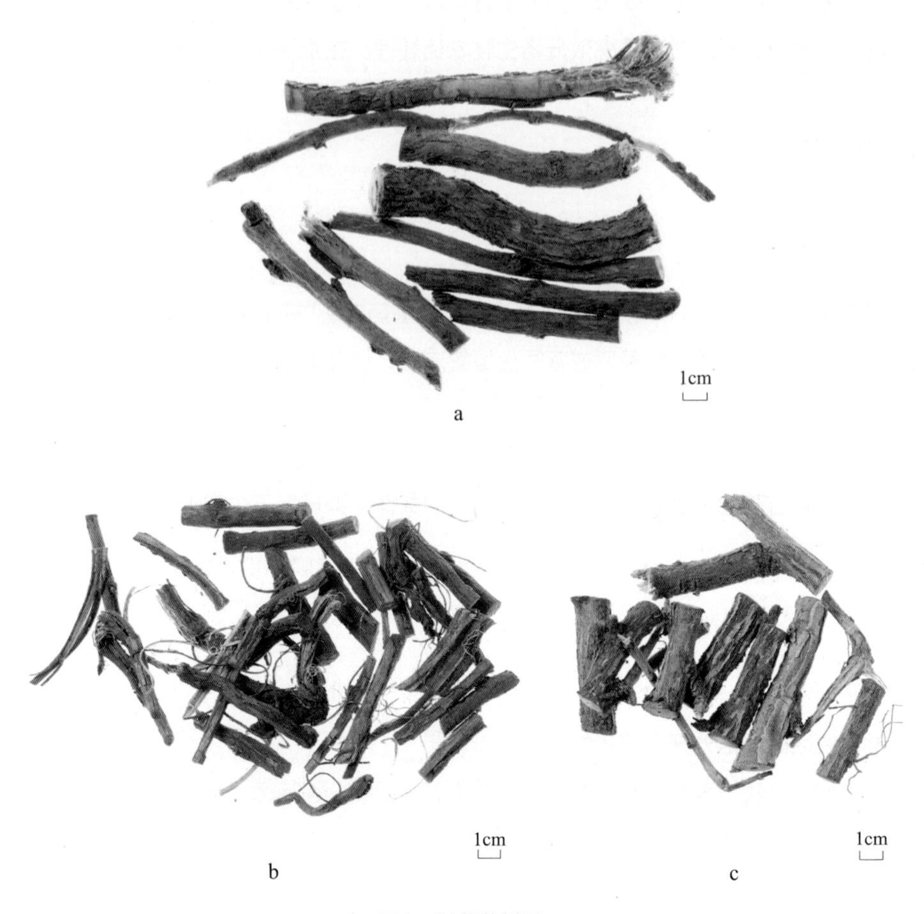

图2　甘草药材图

a. 甘草；b. 胀果甘草；c. 光果甘草

2. 显微鉴别

（1）根或根茎横切面　木栓层为数列棕色细胞。栓内层较窄，韧皮部射线宽广，多弯曲，常现裂隙，纤维多成束，非木化或微木化，周围薄壁细胞常含草酸钙方晶，筛管群常应压缩而变形。束内形成层明显。木质部射线宽3～5列细胞；导管较多，直径约至160微米；木纤维成束，周围薄壁细胞亦含草酸钙方晶。根中心无髓；根茎中心有髓。

（2）粉末特征　粉末淡棕黄色。纤维成束，直径8～14微米，壁厚，微木化，周围薄壁细胞含草酸钙方晶，形成晶纤维。草酸钙方晶多见。具缘纹孔导管较大，稀有网纹导管。木栓细胞红棕色，多角形，微木化。

3. 检查

（1）水分　不得过12.0%。

（2）总灰分　不得过7.0%。

（3）酸不溶性灰分　不得过2.0%。

（4）重金属及有害元素　铅不得过5mg/kg；镉不得过1mg/kg；砷不得过2mg/kg；汞不得过0.2mg/kg；铜不得过20mg/kg。

（5）其他有机氯类农药残留量　含五氯硝基苯不得过0.1mg/kg。

八、仓储运输

1. 仓储

严格按商品要求捆扎成垛，亦可再加麻袋包装，包装应挂标签，标明品名、重量、规格、产地、批号和商标等内容。甘草及其加工品应存放在通风防雨的干燥荫棚下，注意防潮、防虫，长期贮存特别要注意防虫。

2. 运输

需要防止受潮，防止与有毒、有害物质混装。

九、药材规格等级

甘草划分为条草一等、条草二等、条草三等、毛草统货、草节统货和疙瘩头统货4个规格6个等级，胀果甘草和光果甘草划分为条草统货和毛草统货2个规格2个等级；栽培甘草划分为条草一等、条草二等、条草三等、条草统货、毛草统货和草节统货3个规格6个等级。

甘草条草分为三个等级。一等：长25～100厘米，顶端直径1.7厘米以上，尾端直径1.1厘米以上；二等：长25～100厘米，顶端直径1.1厘米以上，尾端直径0.6厘米以上；三等：长25～100厘米，顶端直径0.6厘米以上，尾端直径0.3厘米以上。胀果甘草、光果甘草条草统货：长25～100厘米，顶端直径0.6厘米以上，尾端直径0.3厘米以上。三种甘草毛草统货：均为顶端直径0.6厘米以下。

十、药用食用价值

现代研究表明，甘草主要活性成分是三萜皂苷和黄酮类化合物，具有抗溃疡、抗炎、解痉、抗氧化、抗病毒、抗癌、抗抑郁、保肝、祛痰和增强记忆力等多种药理活性。甘草除了具有巨大的药用价值外，其提取物也是很好的甜味剂、乳化剂和矫味剂，广泛应用于食品、饮料、烟草、日用化工、轻工及畜牧业等领域，市场需求量巨大。

枸杞（gou qi）

本品为茄科植物宁夏枸杞*Lycium barbarum* L.的干燥成熟果实。

一、植物特征

灌木；分枝细密，野生时多开展而略斜升或弓曲，栽培时小枝弓曲而树冠多呈圆形，有纵棱纹，灰白色或灰黄色，无毛而微有光泽，有不生叶的短棘刺和生叶、花的长棘刺。叶互生或簇生，披针形或长椭圆状披针形，顶端短渐尖或急尖，基部楔形，栽培种略带肉质，叶脉不明显。花在长枝上1～2朵生于叶腋，在短枝上2～6朵同叶簇生；花梗向顶端渐增粗。花萼钟状，通常2中裂，裂片有小尖头或顶端又2～3齿裂；花冠漏斗状，紫堇色，自下部向上渐扩大，明显长于檐部裂片，裂片长5～6毫米，卵形，顶端圆钝，基部有耳，边缘无缘毛，花开放时平展；雄蕊的花丝基部稍上处及花冠筒内壁生一圈密绒毛；花柱象雄蕊一样由于花冠裂片平展而稍伸出花冠。浆果红色或在栽培类型中也有橙色，果皮肉质，多汁液，形状及大小由于经长期人工培育或植株年龄、生境的不同而多变，广椭圆状、矩圆状、卵状或近球状，顶端有短尖头或平截、有时稍凹陷。种子常20余粒，略成肾脏形，扁压，棕黄色，长约2毫米。花果期较长，一般从5月到10月边开花边结果，采摘果实时成熟一批采摘一批。（图1）

图1　宁夏枸杞

二、资源分布情况

枸杞原产我国北部，如河北北部、内蒙古、山西北部、陕西北部、甘肃、宁夏、青海、新疆有野生，由于果实可入药而栽培，现在除以上省区有栽培外，我国中部和南部不少省区也已引种栽培，尤其是宁夏及天津地区栽培多、产量高。枸杞栽培在我国已有悠久的历史。野生枸杞常生于土层深厚的沟岸、山坡、田梗和宅旁，耐盐碱、沙荒和干旱，因此可作水土保持和造林绿化的灌木。

三、生长习性

枸杞适应性较强，对气候、土壤要求不严。耐寒、耐旱、较耐盐碱，喜光及凉爽气候。枸杞一般以疏松肥沃、排水良好的沙质土壤为佳，低洼多湿的土地不宜栽种。

四、栽培技术

适宜地势平坦、土壤肥沃、灌排便利，活土层30厘米以上，pH值为6.5～8.0，土壤质地为沙壤、轻壤或中壤土地种植。我国大部分地区均可种植，尤其西北地区。

1. 选地整地

育苗地宜选择地势平坦、向阳、灌排方便、土层深厚、土壤含盐量在1.0%以下的沙壤土。在播种的前一年结合翻地深施腐熟有机肥3～4吨每公顷及重过磷酸钙15～20千克每公顷作底肥，并进行冬灌，翌春播种前浅耕细耙并做畦，畦宽1～1.5米，埂高15厘米，畦长因地制宜。定植地最好选疏松肥沃、灌排方便的沙壤土，将地翻耕耙平待栽。

2. 选择品种

可选用优良品种，以采果大、色鲜艳、无病虫斑的成熟果实，夏季成熟果实采摘后，用30～60℃温水浸泡，搓揉种子，洗净，晾干备用。在播种前用湿沙（1∶3）拌匀，置20℃室温下催芽，待有30%种子露白时或用清水浸泡种子一昼夜，再行播种。

3. 育苗

（1）种子育苗　春、夏、秋季均可播种，但以春播为主。春播3月下旬至4月上旬，按行距40厘米开沟条播，播深1.5～3厘米，覆土1～2厘米，幼苗出土后，要根据土壤墒情及时灌水。苗高1.5～3厘米松土除草1次，以后每隔20～30天松土除草1次。苗高6～9厘米时定苗，株距12～15厘米，每公顷留苗15万～18万株。为保证苗木生长，应及时去除幼株离地40厘米部位生长的侧芽，苗高60厘米时应摘心，以加速主干和上部侧枝生长，当根粗0.7厘米时，可出圃移栽。

（2）扦插育苗　在优良母株上，剪取0.3厘米以上的已木质化的一年生枝条，剪成18～20厘米长的插穗，扎成小捆竖在盆中用一定浓度的萘乙酸浸泡2～3小时，然后扦插，按株距6～10厘米斜插在沟内，填土踏实。

4. 田间管理

在5、6、7月，每月中耕除草数次。10月下旬～11月上旬施羊粪、猪粪、厩肥、饼肥等作基肥。结合灌水进行追肥，5月追施尿素，6～7月施磷钾复合肥。幼树整形，枸杞移栽后当年秋季在主干上部的四周选3～5个生长粗壮的枝条作主枝，并于20厘米左右处短截，第2年春天在此枝上发出新枝时于20～25厘米处短截作为骨干枝。第3、4年仿照第2年办法继续利用骨干枝上的徒长枝扩大，加高充实树冠骨架。经过5～6年整形培养进入成年树阶段，成年树修剪，每年春季剪枯枝、交叉枝和根部新长枝，夏季去密留疏，剪去徒长枝、病虫枝及针刺枝。秋季全面修剪，整理树冠，选留良好的结果枝。

五、病虫害防治

新疆种植枸杞主要病虫害有：枸杞蚜虫、枸杞瘿螨、枸杞锈螨、枸杞黑果病、根腐病、白粉病、流胶病。

防治方法 防治原则以预防为主，综合防治的方法，优先采用农业措施（中耕、清洁田园、及时排灌、合理施肥修剪等）、物理防治（灯光诱杀）、生物防治（保护并投放天敌），可使用生物源农药（苦参碱）及矿物源农药（硫黄胶悬剂），可选用高效、低毒、低残留化学农药。农药严格执行GB/T 8321标准规定。化学防治以统防统治为主，交叉用药，防治主要病虫兼治其他次要病虫。安全间隔期5～7天，同一药物最多一年使用一次，用药时严格按照说明规定的浓度用药，并选择在上午10：00～11：00，下午18：00～21：00喷药，枸杞忌讳在高温天气用药。

六、采收加工

鲜果成熟8～9成，果色鲜红，果蒂由绿变黄松动，即可采收。成熟期一般在6～9月果实陆续红熟，进行分批采收，晾干。采摘宜在露水干后进行，应轻摘、轻拿、轻放，防止压烂和挤伤，否则果汁流出，晒干后果实变黑，降低药材品质。

自然晒干法：铺设厚度2～3厘米，放在自然光下进行干燥。不可随意翻动果实，及时避雨，晴朗天气晒干一般需5～10天。

热风烘干法：送风（引风机）同时加热（火炉）的通热风隧道。温度指标为进风口60～65℃，出风口40～50℃。干燥时间为60小时。干燥指标为果实含水量13%以下。

七、药典标准

1. 药材性状

本品呈类纺锤形或椭圆形，长6～20毫米，直径3～10毫米。表面红色或暗红色，顶端有小突起状的花柱痕，基部有白色的果梗痕。果皮柔韧，皱缩；果肉肉质，柔润。种子20～50粒，类肾形，扁而翘，长1.5～1.9毫米，宽1～1.7毫米，表面浅黄色或棕黄色。气微，味甜。以粒大、色红、肉厚、质柔润、籽少、味甜者为佳。（图2）

图2 枸杞药材图

2. 显微鉴别

（1）果皮横切面　外果皮1列细胞，切向壁增厚，非木化或微木化，外被角质层，外缘不规则细齿状。中果皮为10余列细胞，最外层细胞略切向延长，其下细胞类圆形、长圆形、类长方形，向内细胞渐增大，最内侧有的细胞较小，壁稍增厚；细胞含众多橙红色素颗粒，有的含草酸钙砂晶；维管束双韧型，多数，散列，导管细小。内果皮1列细胞，细胞壁全面增厚、木化。

（2）粉末特征　黄橙色或红棕色。外果皮表皮细胞表面观呈类多角形或长多角形，垂周壁平直或细波状弯曲，外平周壁表面有平行的角质条纹。中果皮薄壁细胞呈类多角形，壁薄，胞腔内含橙红色或红棕色球形颗粒。种皮石细胞表面观呈不规则多角形，壁厚，波状弯曲，层纹清晰。

3. 检查

（1）水分　不得过13.0%。

（2）总灰分　不得过5.0%。

（3）重金属及有害元素　铅不得过5mg/kg；镉不得过1mg/kg；砷不得过2mg/kg；汞不得过0.2mg/kg；铜不得过20mg/kg。

4. 浸出物

水溶性浸出物不得少于55.0%。

八、仓储运输

1. 仓储

按商品要求规格用箱装，须防压，包装应挂标签，标明品名、重量、规格、产地、批号和商标等内容。枸杞及其加工品应密封，存放于阴凉干燥处，注意防潮、防虫，长期贮存特别要注意防虫。

2. 运输

需要防止受潮，防止与有毒、有害物质混装。

九、药材规格等级

枸杞按每50克粒数分为四个等级。一等：每50克280粒以内，且破碎、未成熟及油果粒数不大于1.0%；二等：每50克370粒以内，且破碎、未成熟及油果粒数不大于1.5%；三等：每50克580粒以内，且破碎、未成熟及油果粒数不大于3.0%；四等：每50克900粒以内，且破碎、未成熟及油果粒数不大于3.0%。

十、药用食用价值

枸杞具有滋补肝肾、益精明目功效。主要用于虚劳精亏，腰膝酸痛，眩晕耳鸣，阳萎遗精，内热消渴，血虚萎黄，目昏不明。现代研究表明，枸杞中含有甘菜碱、酸浆红素、脯氨酸、酪氨酸、甘氨酸、天冬氨酸、胡萝卜素、核黄素等有效成分，具有降血糖、降血压、抗炎、抗氧化、降脂保肝等作用。

枸杞被卫健委列为“药食两用”品种，枸杞可以加工成各种食品、饮料、保健酒、保健品等等，枸杞种子油可制润滑油或食用油，还有加工成保健品。此外，在厨房煲汤或者煮粥的时候也经常加入枸杞，枸杞植株的嫩尖营养丰富，是很好的蔬菜。

he tao ren 核桃仁

本品为胡桃科植物核桃*Juglans regia* L.的干燥成熟种子。

一、植物特征

乔木；树干较别的种类矮，树冠广阔；树皮幼时灰绿色，老时则灰白色而纵向浅裂；小枝无毛，具光泽，被盾状着生的腺体，灰绿色，后来带褐色。奇数羽状复叶，叶柄及叶轴幼时被有极短腺毛及腺体；小叶通常5～9枚，稀3枚，椭圆状卵形至长椭圆形，顶端钝圆或急尖、短渐尖，基部歪斜、近于圆形，边缘全缘或在幼树上者具稀疏细锯齿，上面深绿色，无毛，下面淡绿色，侧脉11～15对，腋内具簇短柔毛，侧生小叶具极短的小叶柄或近无柄，生于下端者较小，顶生小叶常具小叶柄。雄性葇荑花序下垂。雄花的苞片、小苞片及花被片均被腺毛；雄蕊6～30枚，花药黄色，无毛。雌性穗状花序通常具1～3（～4）雌花。雌花的总苞被极短腺毛，柱头浅绿色。果序短，具1～3果实；果实近于球状，无毛；果核稍具皱曲，有2条纵棱，顶端具短尖头；隔膜较薄，内里无空隙；内果皮壁内具不规则的空隙或无空隙而仅具皱曲。花期5月，果期10月。（图1）

图1　核桃

二、资源分布概况

核桃在我国平原及丘陵地区常见栽培，主要分布于华北、西北、西南、华中、华南和华东的各省区。目前新疆栽培面积最大。

三、生长习性

核桃属深根性、喜温、喜光、耐寒、耐旱树种，适应性较强。普通核桃正常生长要求年平均气温8～15℃，极端最低气温不低于-30℃，极端最高气温不高于35～37℃，霜期150～240天。核桃对土壤要求不高，以土层深厚、质地疏松、含有钙的微碱性土为宜，在pH值6.2～8.2的范围内均能正常生长。

四、栽培技术

一般海拔500～1500米，土壤深厚、疏松、肥沃，排水良好的地方均可种植。土壤过黏、过湿，排水不良的土壤不宜栽植。核桃为喜光果树，要求光照充足，在山地建园时应选择阳坡为佳。

（一）整地

栽植前一至二个月采用穴状整地，规格100厘米×100厘米×100厘米，底肥用腐熟农家肥50～100千克、钙镁磷肥3千克与表土混匀填入，再覆心土，分层踏实。

（二）繁殖方法

1. 繁殖材料

核桃的繁殖技术分为实生繁殖与无性繁殖。实生繁殖通过种子播种进行有性繁殖，核桃的优良品种常采用的无性繁殖方式是嫁接繁殖。

（1）种子选择　选择种仁充实饱满、无霉变、无病虫害，充分成熟的良种种子。

（2）插条选择　春季萌芽前选取一年生健壮枝剪成18厘米的枝段，按一般扦插处理。统一育苗后，进行移植栽培。

（3）嫁接方法　硬枝嫁接为砧木发芽至展叶前，嫩枝嫁接在6～7月。枝接的方法一般采用枝接和芽接。

核桃枝接：枝接是用母树枝条的一段（枝上须有1～3个芽），基部削成与砧木切口易于密接的削面，然后插入砧木的切口中，注意砧穗形成层对体吻合，并绑缚覆土，使之结合成活为新植株。插皮舌接和插皮接是2种原理基本相同但操作略有区别的皮下嫁接方法，接穗离皮程度不高的可用插皮接，而插皮舌接则要求砧木和接穗均为离皮，两者在嫁接成活率上差别不大，但都必须在砧木离皮的情况下才可应用。核桃苗砧比较细弱时不宜使用皮下嫁接方法，而应采用双舌接。

核桃芽接：芽接是从枝上削取一芽，略带或不带木质部，插入砧木上的切口中，并予绑扎，使之密接愈合。此嫁接方法具有可嫁接时间较长，嫁接成活率较高的优点，因此非常利于苗木的大量繁殖。核桃树高接换种夏季常用方块芽接法，春季采用插皮嫁接法。

2. 种子处理

秋播种子不用处理，春播种子需处理，方法有：①沙藏（层积处理）：核桃种子需要吸收一定的水分，在低温、通风、湿润的条件下经过一定时间的层积处理才能发芽，因此，必须选择温暖、向阳的地方进行沙藏。沙藏前先用温水浸种2～3天，采用一层沙、一层核桃的方法进行层积处理。所用的沙子通常为洁净的河沙，用量为种子的5～10倍。沙藏时要控制好温湿度，温度以2～7℃为宜，有效最低温度为-5℃，有效最高温度为17℃，湿度以手握成团而不滴水为好。层积天数60～80天。②冷浸日晒：用冷水浸种，每天换1次水，6～7天后捞出，放在太阳下暴晒2小时，大部分种壳开裂即可下种。以上方法有利于提早发芽和提高发芽率。

3. 播种时间

春、秋两季都可播种。秋播在11月中下旬，春播在3月下旬～4月上中旬。

4. 播种方式

（1）种子直播　条播，行距30厘米，株距10厘米，种子在播种沟内，摆放方式为种子的缝合线与地面垂直，种尖向一边最好，其他均影响出苗速度。最后覆土2～3厘米 。

（2）核桃苗移栽　栽植前要进行苗木筛选，选择根系完整、组织充实、顶芽饱满、无病无伤的优质壮苗。栽植时要求横竖成行。首先在定植穴中央挖30厘米见方小坑，株距4～6米，把苗木摆放在中间，栽时要使根系舒展，均匀分布，边填土边踩实，并将苗木轻轻摇动上提，避免根系向上翻，使根系与土壤相互密接，将土填平踩实，打出树盘，充足灌水，待水渗完后培土踏实。

（3）嫁接　萌芽前1个月，采取优良品种或种源的壮枝，剪出发育不充实的部分，封蜡后于0～5℃贮藏。采用芽接和枝接，要求削面平滑，形成层对准，绑扎严密。

（三）田间管理

1. 中耕除草

每年6月、9月中耕除草一次，杂草铺于林地或翻埋土中；落叶前结合施基肥再深翻一次，深度25～30厘米。中耕除草及深翻均以树干为中心，达树冠外缘。

2. 施肥

（1）基肥　以腐熟的厩肥、堆肥等农家肥为主，于落叶前结合深翻以环沟法或条沟法施入。幼树期10～20千克/株，初果期20～50千克/株，盛果期50～100千克/株，施后灌水。

（2）追肥　幼树期在进入雨季后追施2次；结果期在果实发育期和硬核期各追施1次。施肥方式为环沟法或条沟法。幼树期每次施尿素50～75克/株，过磷酸钙25～50克/株，硫酸钾5～10克/株。初果期每次施尿素150～250克/株，过磷酸钙150～200克/株，硫酸钾50～75克/株。盛果期每次施尿素200～300克/株，过磷酸钙250～500克/株，硫酸钾75～100克/株。此外，在果实膨大期和硬核期各均匀叶面喷施0.3%的尿素和0.2%磷酸二氢钾1次。

3. 灌溉

视土壤墒情分别于春季萌芽前、花芽分化前、果实膨大和硬核期、果实采收后至落叶前适时灌水。雨季时疏通排水沟，及时排水。

4. 整形修剪

（1）修剪时期　冬剪宜在叶片发黄至落叶前，夏剪宜在6月初；整形在定干后3～5年内完成。

整形

定干：早实品种定植后当年至第二年进行，定干高度0.8～1.0米。晚实品种定植后第二至三年进行，定干高度1.0～1.2米。剪口距芽2～3厘米。定干后，适时抹除整形带以下的萌芽。

刻芽：在萌芽前的树液流动期进行，根据整形带需要，用刀片在距离芽尖上方2～5毫米处垂直树干（枝）均匀用力刻至木质部，刀口比芽盘宽2～3毫米。

树形

疏散分层形：在主干上留5～7个主枝，分2～3层配置。层间距80～100厘米，同层两枝间距≥20厘米。

自然开心形：在主干不同方位共留3～5个主枝。

（2）修剪

幼树及初果期修剪：短截发育枝，疏除过密枝、交叉枝、重叠枝，剪除病虫危害枝、背后枝、下垂枝。

盛果期修剪：剪除病虫枝，疏除内膛细弱枝、重叠枝、过密雄花枝，短截或疏除外围生长旺盛的二次发育枝，回缩衰弱母枝，处理徒长枝和辅养枝不影响主、侧枝生长。

老弱树修剪：回缩老弱母枝，剪除枯损枝和病虫枝，利用新发枝恢复树冠。

五、病虫害防治

1. 病害

主要有核桃黑斑病、核桃炭疽病、腐烂病、枯枝病、果腐病。防治方法如下：一是发现病果、病叶及时清除，带出园外，以免大面积暴发。二是在雌花开花前、开花后和幼果期（5～6月），施用生物性农药进行预防。

2. 主要虫害

主要有核桃举肢蛾（核桃黑）、天牛、木蠹蛾、金龟子、刺蛾、绿尾大蚕蛾、吉丁虫等。防治方法主要有以下几种：一是物理防治。园内放禽、黑光灯诱杀成虫、人工捕捉等。二是化学防治。核桃发芽前喷石硫合剂，杀死越冬的病虫。在核桃举肢蛾成虫产卵初期幼虫蛀果前喷药防治。在木蠹蛾幼虫活动期，杀死幼虫或剪除虫枝烧毁。将根茎部分土壤扒开，用药物灌注虫孔，然后用湿土封严，杀死幼虫。

六、采收加工

（一）采收时间

一般在9月中旬至10月上旬采收。果实采收过早，种仁不饱满，出仁率低，含油量少，而且不耐贮藏，特别是作种子用的核桃，早采不仅发芽率低，幼苗也不健壮。

（二）采收方法

人工采果：青果青皮由青变黄且大于30%的果顶自然开裂后，按照从上至下、从内到外的顺序顺枝采摘，避免损伤芽。

机械采果：当青果青皮开始自然开裂时，进行树下清理后，用电动机械震动树干，将果实震落，注意保护枝干。

（三）加工

1. 加工场所

符合国家GAP规定的卫生要求，场地干净整洁，远离交通干道和污染源，要与生活区严格分开，防止生活污染。

2. 加工方法

（1）脱青皮

堆沤脱青皮：果实采摘后及时运到阴凉处或室内，按50厘米的厚度堆集，上面加盖一层10厘米的保温保湿覆盖物。当青皮离壳或开裂达50%以上，用棍敲击即可脱皮，对未脱皮的青果，可再堆沤至全部脱皮为止。

机械脱青皮：核桃采收后的1～2天内，可采用脱皮机进行脱青皮。

（2）清洗　脱皮后3小时内翻洗，至坚果无青皮留存后，沥干摊放晾晒。

（3）干燥

自然干燥：漂洗好的湿核桃不能立即置于烈日下曝晒，应摊放先晾半天，待大量水分蒸发后再摊晒。晾晒时，果实摊放厚度以不超过2层果实为宜，需多次翻动，至坚果含水量降到8%以下时为止。

烘干：烘干时温度要先低后高，且不超过50℃为宜，干燥至坚果相互碰撞时声音脆响、坚果横隔膜极易折断、核仁酥脆、坚果含水量不超过8%为止。

七、药典标准

1. 药材性状

秋季果实成熟时采收，除去肉质果皮，晒干，再除去核壳和木质隔膜。本品多破碎，为不规则的块状，有皱曲的沟槽，大小不一；完整者类球形，直径2～3厘米。种皮淡黄色或黄褐色，膜状，维管束脉纹深棕色。子叶类白色。质脆，富油性。气微，味甘；种皮味涩、微苦。（图2）

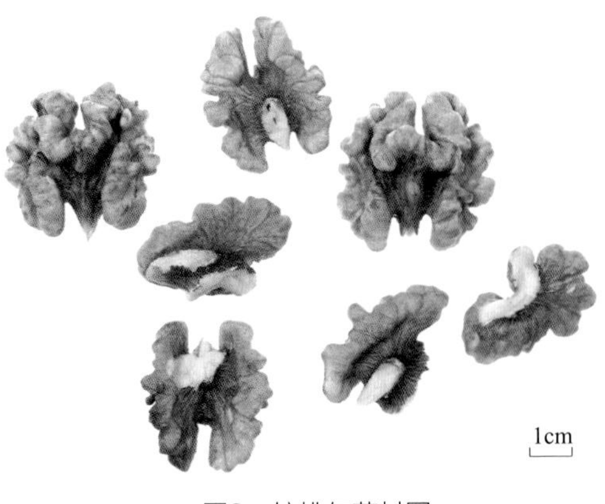

图2　核桃仁药材图

2. 显微鉴别

（1）种子横切面　种皮表皮细胞棕红色，细胞界线不清楚。最外层嵌有长卵形、类圆形、盔帽形及贝壳形的樱红色或红棕色石细胞，胞腔内含有淡棕色物；种皮细胞下方为细胞皱缩的营养层，红棕色，其间有小型石细胞成群聚集；有细小维管束并可见细小螺纹导管；内表皮为1列类扁长方形色素细胞，细胞界限不是很清楚，内充满红棕色物质；外胚乳为皱缩的细胞营养层，分布于内胚乳细胞两侧；内胚乳为1至数列圆形、类方形和扁方形细胞，含糊粉粒及脂肪油滴；子叶有1列排列整齐的较小类圆形薄壁细胞及多列较大类圆形薄壁细胞，多充满糊粉粒，较大的糊粉粒可见拟晶体，或有一细小簇晶，并含有脂肪油滴。

（2）粉末特征　粉末呈黄白色。种皮外表皮细胞为棕黄色，呈类多角形，壁较厚，有的皱缩，与石细胞相连；石细胞侧面观为长卵形、类圆形、盔帽形及贝壳形，胞腔内含有淡黄棕色物，层纹明显处壁厚；种皮内表皮细胞呈淡黄棕色，类多角形，有的壁微波状弯曲，有细胞间隙；内胚乳细胞为类多角形，含糊粉粒及脂肪油滴；子叶细胞较大，由类圆形薄壁细胞组成，亦可见较小子叶细胞，多充满糊粉粒，并含有脂肪油滴；种皮外表皮薄壁细胞中有成束的小型螺纹导管。

3. 检查

（1）水分　不得过7.0%。

（2）酸败度　照酸败度测定法测定。

（3）酸值　不得过10.0。

（4）羰基值　不得过10.0。

（5）过氧化值　不得过0.10。

八、仓储运输

1. 仓储

盛装核桃仁，瓦楞纸箱按GB 6543的规定执行，塑料膜袋按GB/T 4456的规格，塑料箱按GB/T 15234执行，并按等级分别包装。包装标志应符合GB 7718的要求。

常温贮藏：贮藏场所在5℃以下，可常温贮藏。应注意防鼠防虫，且不能混贮。

恒温贮藏：入库前消毒灭菌工作要求提前进行。入库后核桃仁贮藏温度要求为–1～5℃，相对湿度保持55%～60%。

2. 运输

运输过程中，严禁雨淋，注意防潮，严禁与有毒、有害、有异味、发霉及其他易于传播病虫的物品混放。

九、药材规格等级

统货。

十、药用食用价值

《本草纲目》记述，核桃仁有“补气养血，润燥化痰，益命门，处三焦，温肺润肠，治虚寒喘咳，腰脚肿疼，心腹疝痛，血痢肠风”等功效。

核桃仁中含有丰富的蛋白质（7.8%～9.6%）、氨基酸（25%）及矿物元素（22 种），其中人体必需的氨基酸占 7 种，对人体有重要作用的钙、镁、磷及锌、铁以及胡萝卜素和各种维生素含量较高，有健胃、补血、润肺、养神等功效，并具有润肺强肾、降低血脂、预防冠心病之功效，长期食用具有益寿养颜、抗衰老等作用。此外核桃油含有不饱和脂肪酸，有防治动脉硬化的功效，以及核桃仁中的磷脂，对脑神经有良好保健作用。此外，核桃树的叶、皮、茎、果壳、花絮和分心木均有不同的用途，用于化妆品、印染业和医药行业。

本品为毛茛科植物腺毛黑种草*Nigella glandulifera* Freyn et Sint.的干燥成熟种子。

一、植物特征

一年生草本；有少数纵棱，被短腺毛和短柔毛，上部分枝。叶为二回羽状复叶。茎中部叶有短柄；叶片卵形，羽片约4对，近对生，末回裂片线形或线状披针形，表面无毛，背面疏被短腺毛。花直径约2厘米；萼片白色或带蓝色，卵形，基部有短爪，无毛；花瓣有短爪，上唇小，比下唇稍短，披针形，下唇二裂超过中部，裂片宽菱形，顶端近球状变粗，基部有蜜槽，边缘有少数柔毛；雄蕊无毛，花药椭圆形；心皮5，子房合生到花柱基部，散生圆形小鳞状突起，花柱与子房等长。蒴果长约1厘米，有圆鳞状突起，宿存花柱与果实近等长；种子三棱形，有横皱。（图1）

图1　黑种草

二、资源分布概况

黑种草在新疆、云南、西藏、内蒙古均有栽培，主产于新疆，尤以南疆质优。

三、生长习性

黑种草喜光照充足的环境，耐寒，适宜在疏松肥沃并且排水性良好的沙质土壤中生长；土壤黏重、荫蔽、高盐碱、瘠薄及低洼积水地不适宜种植。种植区域大气、水质、土壤无污染，远离交通干道，两公里内不得有“三矿”及其他厂矿、垃圾场等污染源。

四、栽培技术

（一）土地准备

1. 整地

地选好后应进行精细整地，要施足基肥，耕深达25厘米以上，将基肥翻入土中，耕翻时施二胺8～12千克/667平方米作底肥。然后反复整细耙平，把土块耙细，土面整平整。播种前用钉齿耙或圆盘耙整地，深度6～8厘米，地一定要整平，上虚下实。

2. 施足基肥

基肥以农家肥为主，施用量为2000～3000千克/667平方米，整地前撒匀。农家肥主要有：羊、马、鸡、鸭等畜禽的粪尿与秸秆垫料堆成；栽培或野生的绿色植物体；作物如秸秆等。

3. 作畦

综合灌溉设计能力和土地坡度的走向等地形因素划分地块，形成条田，可不作畦，渠灌地必须依据地势与地块大小打埂分畦，生产地333～1334平方米/畦为宜，以利土地整平、灌溉等操作。

（二）播种

1. 种子选择

种子应采自无病虫害产区，或传统野生药材产区，精选成熟饱满、扁三棱形，黑色种子（表1）。

表1　黑种草种子质量指标

名称	项目				
	级别	纯度(%)	净度（%）	发芽率(%)	水分（%）
腺毛黑种草（*Nigella glandulifera* Freyn et Sint.）	一级	≥99.0	≥96.0	≥80.0	≤10.0
	二级	≥97.0	≥92.0		

2. 种子处理

播种前，晾晒黑种草种子1～2天，以提高生活力。

3. 播种

4月底、5月初播种，平畦条播，行距35～45厘米、株距15～20厘米，种子用量0.8～1千克/667平方米。

4. 播种方式

（1）条播　在整好的土地上按行距30厘米开横沟，沟深1.5～2厘米，将种子与细沙按1∶5拌匀，均匀撒入沟内覆土，然后镇压。用种量1.5～2千克/667平方米。

（2）机播　可以用小麦播种机播种，播种盘调成30厘米等行距，采用1.8米小畦播，每畦播6行，深度为1.5～2厘米，播种机后带镇压。

（三）田间管理

1. 中耕除草

一般中耕除草2次，第一次于出苗后10～20天，浅锄表土，松土时注意勿铲苗、埋苗。第二次在5月上旬至6月上旬，苗封行前，每次中耕后都要施入农家肥。

2. 灌溉

适时适量灌溉是保障黑种草质量的关键。黑种草耐干旱性较弱，幼苗期怕干旱，应注意及时浇水，根据天气、田间湿度及生长条件需要15～30天浇一次水，不得积水，特别是施肥后应立即浇水。

3. 施肥

根据土壤条件，土壤肥力较差的，为促进药材生长及增加产量，适当的增加肥量与追肥次数，一般追肥2次，每次用量不超过50千克/667平方米，均使用农家有机肥。若土壤较肥沃，播种时施过磷酸钙或磷酸二铵5～8千克/667平方米作种肥，5月中旬苗长至10～15厘米，可以施尿素10～12千克/667平方米。

4. 杂草防治

禁止使用化学除草剂，以农业措施为主。净选种子，人工及时摘除苗期菟丝子，危害严重的菟丝子必须在未开花前，连寄主苗一起割除，并清理出田，集中烧毁。

五、采收加工

1. 采收

采收时间7～9月，当种子充分成熟、籽粒饱满、呈黑色时即可收获。割取全株拉运到晒场，摊开晾晒，干后打下种子晾晒干后放置干燥处保管。也可机械收获，用联合收割机待田间种子完全成熟，种壳干燥后即可采收。

2. 加工

（1）黑种草子　将收获的黑种草子清除茎叶杂质，按商品分装要求，分装入库。

（2）加工场所　场地干净整洁，远离交通干道和污染源，要与生活区严格分开，防止生活污染。

六、药典标准

1. 药材性状

呈三棱状卵形，长2.5～3毫米，宽约1.5毫米，表面黑色，粗糙，顶端较狭而尖，下端稍钝，有不规则的突起。质坚硬，端面灰白色，有油性。气微香，味辛。（图2）

图2　黑种草子药材图

2. 显微鉴别

（1）种子横切面　种皮表皮细胞1列，大小不一，类长方形或不规则长圆形，多切向延长，外壁大多向外凸起呈乳突状或延伸似非腺毛状，壁稍厚，暗棕色，角质层较薄，隐约可见细密颗粒状纹理，种皮薄壁细胞3～4列，长方形或不规则形，略切向延长；内表皮细胞1列，扁平形，棕色。外胚乳为1列长方形细胞，径向延长，有时呈颓废状；内胚乳细胞多边形，充满油滴和糊粉粒，子叶细胞多角形或类圆形，最外一层略径向延长，充满糊粉粒及脂肪油滴。

（2）粉末特征　粉末呈灰黑色。种皮表皮细胞棕色，表面观类多角形，大小不一，外壁拱起或呈乳突状；种皮内表皮细胞棕色，表面观长方形、类方形或类多角形，垂周壁连珠状增厚，平周壁有细密网状纹理；胚乳细胞多角形，内含油滴和糊粉粒。

3. 检查

（1）水分　不得过10.0%。

（2）总灰分　不得过8.0%。

（3）杂质　不得过5.0%。

七、仓储运输

1. 仓储

按商品包装符合《国家中医药管理局中药饮片包装管理办法》（试行）的要求，包装应挂标签，标明品名、重量、规格、产地、批号和商标等内容。黑种草子应存放在干燥通风0～30℃的常温库中，注意防潮、防虫，长期贮存特别要注意防虫。

2. 运输

需要防止受潮，防止与有毒、有害物质混装。

八、药材规格等级

黑种草子商品等级见表2。

表2　黑种草子商品等级

类别	等级	颜色	大小	气味	杂质
黑种草子	一级	黑色	大而饱满	浓郁	≤5%
	二级	灰黑色	小而饱满	浓郁	≤5%

九、药用食用价值

黑种草全草入药，中医应用全草主治心悸、失眠、体虚、风寒感冒咳嗽等，黑种草子主治月经不调、经闭、乳少、尿路结石、须发早白、疥疮、白癜风等。同时黑种草子也是维吾尔医、蒙医、藏医的常用药材之一。维吾尔医中用于调节异常血液质和胆液质、消退咽喉炎肿、阻止热性体液流窜于上呼吸道、止渴增食、清热止泻，主治热性或血液质性和胆液质性疾病；蒙医中用于调理胃火、助消化、固齿，主治消化不良、肝区疼痛、肝功衰退；藏医中主治肝寒证、肝肿大、胃病及“龙”病等。现代研究表明，黑种草子具有抗氧化、抗炎、调节免疫、抗肿瘤、降血脂等多种药理作用；黑种草子中富含油脂，是常用的功能食品，此外还富含挥发油、皂苷、黄酮、生物碱等多种生物活性物质。新疆当地用黑种草子做食品添加剂，维吾尔医用黑种草油剂治疗秃发、白发。

本品为菊科植物红花*Carthamus tinctorius* L.的干燥花。

一、植物特征

一年生草本。茎直立，上部分枝，全部茎枝白色或淡白色，光滑，无毛。中下部茎叶披针形、卵状披针形或长椭圆形，边缘大锯齿、重锯齿、小锯齿以至无锯齿而全缘，极少有羽状深裂的，齿顶有针刺，向上的叶渐小，披针形，边缘有锯齿，齿顶针刺较长。全部叶质地坚硬，革质，两面无毛无腺点，有光泽，基部无柄，半抱茎。头状花序多数，在茎枝顶端排成伞房花序，为苞叶所围绕，苞片椭圆形或卵状披针形，边缘有针刺，或无针刺，顶端渐长，有蓖齿状针刺。总苞卵形。总苞片4层，外层竖琴状，中部或下部有收缢，收缢以上叶质，绿色，边缘无针刺或有蓖齿状针刺，顶端渐尖；中内层硬膜质，倒披针状椭圆形至长倒披针形，顶端渐尖。全部苞片无毛无腺点。小花红色、橘红色，全部为两性。瘦果倒卵形，长5.5毫米，宽5毫米，乳白色，有4棱，棱在果顶伸出，侧生着生面。无冠毛。花、果期5～8月。（图1）

图1　红花

二、资源分布概况

红花原产中亚地区。目前我国河北、河南、内蒙古、陕西、甘肃、青海、云南、新疆等地均有栽培，但以新疆栽培面积最大。

三、生长习性

红花为一年生草本，有抗寒、耐旱和耐盐碱能力，适应性较强，生活周期120天。喜稍干燥和温暖的环境。怕高温、怕涝。在土壤深厚、干燥、排水良好的沙质壤土中生长良好。避免连作。

四、栽培技术

（一）选地整地

选择土层深厚、排水良好、肥沃的中性沙质壤土或黏质壤土，且土壤pH值在6.5～8.5之间。对红花种植地块进行整地时，通常情况下需要进行一到两次的翻犁，对翻犁操作无法进行的边缘区域可以采取人工锄挖的操作方式对其进行处理，翻耕耕作深度为20～25厘米。同时可以适当的提高土壤中的肥力，在其中加入农家肥并与土壤进行混合；将土壤中的杂草拔除；将土地四周的排水沟进行深挖，排出多余的水。土壤分瘠地在翻犁前施入完全腐熟的农家肥，一般为22.5～30吨/公顷，合并施入N10、P10、K10复合肥300千/公顷。

（二）播种

1. 选种

红花种子来源主要是通过药材市场采购获得。其中购买品种“AC–无刺红”由新疆塔城国营博孜达克农场育成。品种确定后，自留品种田可选取生长健壮、高度适中、分枝低而多、花序多、管状花橘红色、无病虫害的植株作留种植株。

2. 种子处理

种子播前放入50℃左右温水中浸种10分钟，然后放入冷水中凉透，捞出晾干后经杀菌剂或种衣剂处理后待播。

3. 播种

红花于5厘米地温达5℃以上时即可播种，北疆塔城地区一般在4月上中旬播种。采用谷物播种机条播，播种深度4～5厘米，根据密度要求来调整，播量要求达到2～2.5千克/667平方米。

（三）田间管理

1. 补苗定苗

出苗后，对缺苗田块及时补种。当幼苗4～6片真叶时定苗，拔去多余苗、小苗和弱苗。红花分枝特性能随环境的不同而变化，密植时，每株花数减少，每株花球数目和花球种子数增加。目前新疆塔城红花的种植密度一般在0.8万～1.2万株/667平方米，要在试验示范的基础上，提高到1.4万～1.6万株/667平方米，确保实现最高产量。

2. 打顶

土壤肥沃、植株密度较小的地块，苗高18～20厘米时，适当打顶，促进分枝，提高产量。土壤瘠薄、种植过密的地块，则不宜打顶。

3. 中耕除草、培土

中耕3次，第1～2次中耕结合间苗、定苗，应适当浅锄；第3次中耕在封行前结合培土，要适当深锄。红花抽茎后，上部分枝多，易于倒伏，故在3月上旬进行培土。

4. 追肥

定苗前后轻施提苗肥，667平方米施尿素3～4千克；抽茎分枝期重施孕蕾肥，667平方米施尿素5～6千克。现蕾前可用0.2%磷酸二氢钾加微肥叶面喷施，以促进开花，提高产量。

5. 灌溉排水

红花生长前期需水较少，也较耐涝，分枝至开花期需水较多，盛花期需水量最大，终花期后停止灌溉。生育期内一般灌水3次，头水在伸长期，第2水在始花期，第3水在终花期。注意灌水后田间不能积水，积水浸泡1～2小时就会出现死苗现象。

五、病虫害防治

贯彻“预防为主，综合防治”的植保方针，通过选用抗性品种，培育壮苗，加强栽培管理、科学施肥等栽培措施，综合采用农业防治、物理防治配合科学合理地使用化学防治，将有害生物危害控制在允许范围内。农业安全使用间隔期遵守GB/T 8321.1—7，没有标明农药安全间隔期的农药品种，收获前30天停止使用，农药的混剂执行其中残留性最大的有效成分的安全间隔期。

新疆红花栽培病害有锈病、枯萎病、炭疽病、叶斑病（黑斑病或斑枯病），其中锈病为主要病害；虫害有红花指管蚜、实蝇、金针虫，其中红花指管蚜为主要虫害。

（一）病害

1. 锈病

红花锈病主要危害叶片，叶片受侵染后，背面散生锈褐色或暗褐色微隆起的小疱斑，后疱斑表皮破裂，散出大量棕褐色或锈褐色夏孢子。后期夏孢子堆处产生暗褐色至黑褐色疱状物，为病原菌冬孢子堆。发病严重时，叶片正面也可产生病斑，病株提早枯死。病株花朵色泽差、种子不饱满，品质与产量降低。经鉴定其病原物为红花柄锈菌（*Puccinia carthami* Corda）。病原以冬孢子随病残体在地面或种子上越冬，种子带菌为远距离传播的主要途径。春天冬孢子萌发侵染幼苗，夏孢子经风雨传播反复侵染危害，该病4月下旬开始发生，至6月份温度升高，雨水加大，病情迅速上升，在红花的整个生长期均可发病。各品种间该病害的严重度有一定的差异，其中叶刺少的品种，对锈病的抗性较弱，发病率为100%；叶刺较多类型，抗病性较强，发病率约85%，且发病叶片集中在中下部，上部叶片病斑较少，造成的损失较低。

防治方法　种子处理，用15%粉锈宁拌种，用量为种子量的0.2%～0.4%；清洁田园，集中烧毁病残体，实行2～3年以上的轮作。发病初期及时喷施杀菌剂，7～10天喷1次，连续2～3次，可用20%粉锈宁乳油0.1%溶液，波美0.3°的石硫合剂等药剂交替喷施。

2. 枯萎病

红花枯萎病又称红花根腐病，是一类寄主专化性土传病害，主要危害根部，发病初期根部出现褐色斑点，茎基表面生粉红色黏质物，造成茎基部皮层和须根腐烂，引起植株死亡，纵剖根茎部可见维管束变褐色。受害植株下部叶片开始为黄色，以后逐渐枯萎，老的植株整株死亡。病原菌为红花尖孢镰刀菌（Fsarium oxysporum）。病菌主要以厚垣孢子在土壤中或以菌丝体在病残体上越冬，翌春产生分生孢子，从植株主根、茎基部的自然裂缝或地下害虫及线虫等造成的伤口侵入。侵入后病菌扩展到木质部，同时分泌毒素使植株枯萎死亡。后期病株根茎部产生分生孢子借风雨传播进行再侵染。种子也可带菌并成为初侵染源，引起远距离传播。发病高峰期在6月份，该时期是红花花蕾生长的重要时期，对红花产量造成了一定的损失。

防治方法 严格做到轮作不重茬，保持土壤排水良好；及时拔除病株烧毁，病穴用石灰消毒；清除田间枯枝落叶及杂草，消灭越冬病原。发病初期用50%多菌灵，50%敌克松0.17%～0.20%的溶液等灌根。

3. 炭疽病

由半知菌亚门盘长孢属红花炭疽病菌侵染引起，发病温度20～25℃，高温高湿是发病的主要条件。罹病植株茎、叶梗、叶片及花蕾均可受害，病斑为紫红色或褐色棱形或长圆形，中心部分凹陷，灰白色，有时出现龟裂。在潮湿的条件下产生橙色黏状物，即病菌的分生孢子盘和分生孢子。

防治方法 选择抗病品种，以及高燥、排水良好的地块种植，不连作；加强田间管理，拔除田间病株集中烧毁。或用多菌灵拌种，发病初期用50%甲基托布津500～600倍液每7天喷雾1次，连续2～3次。

4. 黑斑病

红花黑斑病的病原菌为半知菌亚门丛梗孢目链格孢属真菌红花链格孢，以菌丝体或分生孢子在土表或土中的病株体越冬。主要危害叶片，严重时也危害叶柄、茎、苞叶和花芽；叶片受害，先出现紫黑色斑点，后扩大为圆形褐色病斑，病斑上具有同心轮纹，最后病斑中央坏死；湿度较高时，病斑产生黑色或铁灰色霉层，即分生孢子梗和分生孢子，该病先从植株下部叶片开始发生，逐渐向中央上部叶片扩展，病情严重时整株叶片枯死。

防治方法 在红花播种前进行种子消毒；红花收后彻底清理田间，将病株残体清理出田间集中烧毁；与禾本科作物轮作，增施磷钾肥，增强植株抗病力。发病初期采用1∶1∶500倍波尔多液或50%速克灵1000倍液喷雾防治，相隔7～10天喷施1次，连续喷施3～4次。

5. 斑枯病

红花斑枯病的病原菌为半知菌亚门腔孢纲球壳孢目壳针孢属真菌，红花壳针孢病原菌在土表落叶中越冬，翌年产生分生孢子进行侵染，多雨潮湿有利于发病，该病主要危害叶片，病斑圆形或近圆形，褐色。发病严重时，病斑融合，使整个叶片枯萎死亡。

防治方法 在红花播种前进行种子消毒；红花收后彻底清理田间，将病株残体清理出田间集中烧毁；与禾本科作物轮作，增施磷钾肥，增强植株抗病力。发病初期采用1∶1∶500倍波尔多液或50%速克灵1000倍液喷雾防治，相隔7～10天喷施1次，连续喷施3～4次。

（二）虫害

1. 红花指管蚜

红花指管蚜无翅孤雌蚜体长3.6毫米，纺锤形，黑色，触角第3节有小圆形隆起，喙黑色，腹管长圆筒形，基部粗大；有翅孤雌蚜体长3.1毫米，纺锤形，头、胸部黑色，腹部色淡，有黑色斑纹。成虫、若虫聚集在寄主幼叶、嫩茎、花轴上吸食汁液，被害处常出现褐色小斑点，虫口密度大时可使叶片失水卷曲，影响植株正常生长发育。以卵在牛蒡等寄主上越冬，次年春季卵孵化为干母后，开始孤雌生殖并危害牛蒡和蓟类，5月间发生有翅蚜向红花迁飞，1年可发生10余代，在适宜条件下，5～6天即可完成1代。该虫害大量的发生，从5月初气温达到20℃开始出现，至6、7月份达到高峰，在红花营养生长期，绝大多数蚜虫群聚在红花顶叶和嫩茎上，随着生长点老化，陆续转移分散到植株中、下部的叶背面危害。

防治方法 黄板诱杀蚜虫，有翅蚜初发期可用市场上出售的商品黄板，或用60厘米×40厘米长方形纸板或木板等，涂上黄色油漆，再涂一层机油，挂在行间或株间，每667平方米挂30块左右，当黄板沾满蚜虫时，再涂一层机油。前期蚜量少时利用瓢虫等天敌，进行自然控制。无翅蚜发生初期，用0.3%苦参碱乳剂800～1000倍液，或天然除虫菊素2000倍液，或15%茚虫威悬浮剂2500倍液等植物源农药喷雾防治。

2. 实蝇

又称蕾蛆、钻心虫，属双翅目实蝇科。花蕾期成虫产卵于花蕾中，以幼虫取食为害，造成烂蕾，使其不能开花或开花不全，对产量影响大。

防治方法 成虫期进行灯光诱杀；在收刨时，正是第四代钻心虫化蛹阶段和老熟幼虫阶段，把铲下的秧立即翻入20厘米深的土内，叶柄基部的蛹或幼虫同时带入土内，致使翌年成虫不能出土羽化，有效减少越冬基数；及时人工摘除一年生花蕾及花，消灭大量幼虫。在4月下旬和8月中旬钻心虫发生期，用0.36%苦参碱水剂800倍液，或天然除虫菊（5%除虫菊素乳油）1000～1500倍液，或用烟碱（1.1%绿浪）1000倍液等生物源农药喷雾防治。

3. 金针虫

金针虫属于多食性地下害虫。在旱作区有机质缺乏、土质疏松的粉沙壤土和粉沙黏壤土地带发生较重。以幼虫钻入植株根部及茎的近地面部分为害，蛀食地下嫩茎及髓部，使植物幼苗地上部分叶片变黄、枯萎，危害严重时造成缺苗断垄。

防治方法 冬前将栽种地块深耕多耙，杀伤虫源、减少幼虫的越冬基数。必要时选用生物农药进行防治。

六、采收加工

（一）采收

1. 花序采收

确定红花最适宜的采收时间是，在红花生长的大田中，偶尔发现有初现花的单株或单花蕾，预示着整个大田红花即将全部进入收获期。

进入收获期时，准备好采收红花的工具，2～3天后全田大部分花蕾盛开。当花序从上而下逐渐由黄变红时，是红花采收的最佳时间，要抓紧分批采摘。花冠全部金黄色或深黄色的不宜采收。红花采摘时间应选择在早晨日出露水未干前，苞片锐刺发软时采摘为好。红花从开始现花序至开花结束，一般为15～20天。

2. 种子收获

开完花的红花花序，随即进入了种子灌浆成熟期（这时根外喷施叶面肥，能提高红花籽产量的20%），待红花大部分叶片发黄枯萎，即可以收获红花籽；小面积种植的，可以用镰刀割下全株，晒干，脱粒；大面积种植的，用收获小麦的联合收割机，适当调整后即可以收获，收后的红花籽干净、无破碎、不霉变、质量好、效率高，晒干扬净，即可以入库。

（二）产地初加工

采收的红花花序应立即薄摊在棚架上，厚度2厘米左右，不可太厚，在空气湿度不大，风力3级左右的情况下，花序中的水分2～3天就基本挥发掉。同时通过人工挑除夹杂于其中的枯枝，杂草等杂质部分。

七、药典标准

1. 药材性状

本品为不带子房的管状花，长1～2厘米。表面红黄色或红色。花冠筒细长，先端5裂，裂片呈狭条形，长5～8毫米；雄蕊5，花药聚合成筒状，黄白色；柱头长圆柱形，顶端微分叉。质柔软。气微香，味微苦。（图2）

图2　红花药材图

2. 显微鉴别

粉末特征　呈橙黄色。花冠、花丝、柱头碎片多见，有长管状分泌细胞常位于导管旁，直径约至66微米，含黄棕色至红棕色分泌物。花冠裂片顶端表皮细胞外壁突起呈短绒毛状。柱头和花柱上部表皮细胞分化成圆锥形单细胞毛，先端尖或稍钝。花粉粒类圆形、椭圆形或橄榄形，直径约至60微米，具3个萌发孔，外壁有齿状突起。草酸钙方晶存在于薄壁细胞中，直径2～6微米。

3. 检查

（1）杂质　不得过2%。

（2）水分　不得过13.0%。

（3）总灰分　不得过15.0%。

（4）酸不溶性灰分　不得过5.0%。

4. 浸出物

水溶性浸出物不得少于30.0%。

八、仓储运输

1. 仓储

通常采用细麻袋或布袋包装。在盛红花的布袋中视数量多少放入木炭包或小石灰包，以利保持干燥，起防潮作用。只有防潮到位才能保持红花颜色鲜艳。贮藏置阴凉、干燥处，防潮、防蛀。传统贮藏法：将净红花用纸分包（每包500～1000克），贮于石灰箱内，以保持红花的色泽。忌用硫黄熏，也不得暴晒，否则红花易褪色。红花贮藏的安全水分为10%～13%，在相对湿度75%以下贮藏时不致发霉，红花的含水量如超过20%，10天后即可发霉，故入库前对红花进行水分检查十分必要。干花及种子应贮藏于干燥通风处，以防止霉烂变色，影响质量。

2. 运输

运输工具必须清洁、干燥、无异味、无污染、通气性好，运输过程中应防雨、防潮、防污染，禁止与可能污染其品质的货物混装运输。

九、药材规格等级

红花的商品等级主要通过其颜色深浅进行分级，分为一等、二等。一等：表面深红色、鲜红色、微带黄色，质柔软。二等：表面浅红色、暗红或淡黄色。

十、药用食用价值

红花是一种多用途的综合资源植物。红花的花入药，通经、活血，主治妇女病。红花子还可治斑痘疮出不快、腹内血气刺痛、女子中风血热烦渴等症。红花苗生捣碎，敷消肿。此外，红花中含有红色素与黄色素两种色素，黄色素溶于水，而红色素溶于碱性水液中，是我国古代用以提供红色染织物的色素原料；红花种子含油率极高，一般在34%～55%之间，多属不饱和脂肪酸油类，极适合作食用油，有降低人体胆固醇和血脂的作用。

huang pi liu hua

黄皮柳花

本品为杨柳科植物黄皮柳*Salix carmanica* Bornm.的干燥花穗。

一、植物特征

灌木，皮青绿色，光滑。小枝淡黄色，无毛，纤细下垂。叶倒披针形，先端短渐尖，基部楔形，边缘有细疏齿，两面近同色，幼叶微有短绒毛，成叶近无毛；托叶线形，边缘有细齿，早落。花与叶近同时开放；雌花序长1～2.5厘米，花序梗有绒毛，具2～3小叶片；苞片淡黄绿色，长倒卵形，先端截形而微凹，外面无毛，果熟时脱落；腺体1，细小，腹生；子房细圆锥形，微有毛或无毛，柱头2～4裂。雄株未见。花期5月。（图1）

图1　黄皮柳

二、资源分布概况

国内广泛栽培于新疆南疆地区的轮台、喀什、莎车、皮山、和田、墨玉、洛浦等地。国外主要分布于伊朗、阿富汗等地。

三、生长习性

中生植物。喜光，喜冷凉气候，耐寒，生长于海拔100～4200米的地区，多生于山谷溪旁、山坡林缘，常与山杨、桦木等混生。

四、栽培技术

黄皮柳的栽培主要为扦插，少有种子繁殖。枝条扦插能保持原有的品种属性。

1. 选枝剪枝

春天萌动前，选择一年以上且生长充实、没有病虫害、没有机械损伤、粗度为0.8～1厘米、芽势相对较好的枝条作为扦插穗。扦插穗剪制时，要剪成长20厘米左右，顶芽距离上端要留出1厘米左右。

2. 扦插

三月中旬左右，将土壤整平，使土壤变得疏松，然后把插穗插入到土壤中，行距控制在1.2米，株距控制在0.4米，插后要把插穗周边的土壤踩实，然后浇足水分，浇水后边土会下沉，刚好能使上端的芽露出来，一般会高出地面2厘米左右。

3. 田间管理

浇水：避免漫灌浇水后土壤因失水而产生干裂，可选择安装滴灌，出苗期根据天气情况适时滴水，确保田间湿润，萌芽正常萌动。

抹芽：柳树的生命力很强，萌芽力也特别强，通常会同时萌发几个芽，所以在新出萌条生长超过15厘米时，要进行抹芽处理，留一个健壮的芽，集中营养，促进主芽的快速生长。

追肥：为了加快苗期生长进度，需适当合理施肥，补充其生长所需的氮、磷、钾元素。后期对水分的需求量很大，要保证水分的充足供应。

移栽稀植：根据种苗的长势情况，适时移栽稀植，确保植株有足够的生长空间。第二年后，可按株行距3米×4米标准进行挖穴移栽。

在栽植前，要先把苗木放在水中进行浸泡几天，使苗木吸足水分，利于栽后的生根发芽，提高成活率。移栽后第二年根据植株长势情况，适当追施氮磷钾肥，以促进植物的生长。

五、病虫害防治

黄皮柳的常见病虫害主要有柳兰叶甲、梨木虱、柳毒蛾、金龟子、天牛等，在育苗阶段和大田阶段均要做好病虫害的防治工作，要密切注意柳树的生长情况，及时发现病情，尽早采取人工、物理、生物方法进行防控，确保柳树有良好的生长环境，必要时采用药物防治。

六、采收加工

春季采集根，花期采集花序，秋季采集嫩枝、叶、茎皮。

七、地方标准

1. 药材性状

呈棒状，略扁，有的略弯曲，外观呈黄褐色，雄花的花序长2.05～4.12厘米，花序梗长为0.45～1.43厘米，苞片长0.22～0.27厘米，倒卵形，黑褐色，腺体个数1，罕见2；雌花花序长1～2.5厘米，花序梗长约1厘米，有绒毛，苞片长约0.1～0.5厘米，长倒卵形，淡黄绿色，子房细圆锥形，子房柄长约0.1厘米，花柱长约0.04厘米，柱头2～4裂，绒毛较多；偶见叶片形状为倒披针形，托叶线形，花枝颜色为淡黄色。体轻质脆，微有清香气，味淡。（图2）

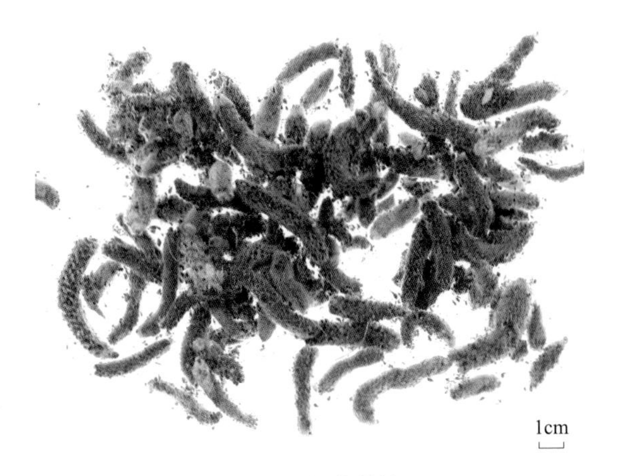

图2　黄皮柳花药材图

2. 显微鉴别

粉末特征　粉末棕褐色，以花粉粒为主体。花粉粒单粒圆球形或三孔沟形，淡黄色，外壁近于光滑，内含颗粒状物质，直径10～25微米，复粒少。螺纹导管多聚集成束，直径为3.75～10微米。非腺毛较多，直径为5～15微米。花药柱头表皮细胞众多，长为20～40微米，宽为10～40微米。

八、仓储运输

1. 仓储

材料为无毒聚丙烯塑料袋上印商标、药材名、净重、生产单位、产地。应贮存于通风、透光、干燥、清洁、无异味专用房间内的货架上，货架与墙壁、地面保持50厘米的距离。

2. 运输

各种运输工具均可运输，但运输工具必须清洁、干燥、无异味、无污染。运输过程中注意防雨、防潮、防暴晒、防污染。

九、药材规格等级

统货。

十、药用食用价值

黄皮柳花是维吾尔族民间常用药材，具有清热退肿、生津止渴、降逆止吐及降血压等作用，目前在维吾尔族药材市场上黄皮柳花使用较多。

本品为唇形科植物藿香*Agastache rugosa*（Fisch. et Mey.）O. Ktze.的干燥地上部分。

一、植物特征

多年生草本。茎直立，四棱形，上部被极短的细毛，下部无毛，在上部具能育的分枝。叶心状卵形至长圆状披针形，向上渐小，先端尾状长渐尖，基部心形，稀截形，边缘具粗齿，纸质，上面橄榄绿色，近无毛，下面略淡，被微柔毛及点状腺体。轮伞花序多花，在主茎或侧枝上组成顶生密集的圆筒形穗状花序，穗状花序；花序基部的苞叶长不超过5毫米，宽1～2毫米，披针状线形，长渐尖，苞片形状与之相似，较小，长2～3毫米；轮伞花序具短梗，被腺微柔毛。花萼管状倒圆锥形，被腺微柔毛及黄色小腺体，多少染成浅紫色或紫红色，喉部微斜，萼齿三角状披针形，后3齿长，前2齿稍短。花冠淡紫蓝色，外被微柔毛，冠筒基部宽，微超出于萼，向上渐宽至喉部，冠檐二唇形，上唇直伸，先端微缺，下唇3裂，中裂片较宽大，平展，边缘波状，基部宽，侧裂片半圆形。雄蕊伸出花冠，花丝细，扁平，无毛。花柱与雄蕊近等长，丝状，先端相等的2裂。花盘厚环状。子房裂片顶部具绒毛。成熟小坚果卵状长圆形，腹面具棱，先端具短硬毛，褐色。花期6～9月，果期9～11月。（图1）

图1　藿香

二、资源分布概况

我国各地广泛分布，常见栽培。俄罗斯、朝鲜、日本及北美洲有分布。

三、生长习性

藿香喜温暖湿润气候，稍耐寒，怕干旱，怕积水，在易积水的低洼地种植，根部易腐烂而死亡。对土壤要求不高，一般土壤均可栽培，但以土层深厚肥沃而疏松的沙壤土或壤土为佳。在新疆南疆地区，霜降后地上部分逐渐干枯，地下部分能越冬，次年返青长出藿香。

四、栽培技术

（一）土地准备

1. 选地整地

苗床以选择排灌、管理方便、肥力中上的壤土或沙壤土地块为好，pH值为6～8。通常在选择栽种区域之后，需要提前30天左右先对土壤进行翻耕。

2. 施足基肥

结合翻耕施腐熟栏粪22.5吨/公顷作基肥；然后开沟敲细土垡，整成边沟1.5米宽的龟背形苗床，用腐熟人粪尿7.5吨/公顷浇湿畦面。

（二）播种

1. 选种采种

外购种子：选用产自传统产区的成熟、饱满、无病虫害的种子，种子呈灰绿色、灰褐色，扁圆卵形。

自繁种子：当种子大部分变成棕色时收获，置阴凉处后熟数日，晒干脱粒、去杂。

2. 播种

新疆南疆地区在每年3～4月播种，播种量为7.5～12千克/公顷，顺畦按行距25～35厘米，开1～1.3厘米的小浅沟，种子均匀播于沟内，覆土，用脚轻踩，随后浇水。一般温度在18℃左右时，约10天可出苗。待苗高6～10厘米时间苗补苗，条播按株距10厘米留苗。穴播的每穴留苗3～4株。

（三）田间管理

播种后生长期间，及时松土除草，追肥以氮肥为主，苗高15厘米时和收割后均要追施氮肥一次，另在整个生长周期根据苗情适当追肥。藿香喜湿润，生长期间注意灌溉，保持田间湿润，有助于藿香地上部分的生长。

五、病虫害防治

病害主要有褐斑病、轮纹病、斑枯病等。褐斑病在7、8月是发生盛期，高温高湿有利于病害发生蔓延，发病初期及时摘除病株集中烧毁；入冬前彻底清除田间病株残体，并集中烧毁，以减少侵染源；实行轮作，发病前及发病初期喷1∶1∶100波尔多液保护。轮纹病的病菌以分生孢子器在病株残体内越冬，入冬前彻底清除田间病株残体，竖年春天发病前期喷施50%多菌灵500～1000倍液1～2次。斑枯病的病菌以病丝体在病株残体上越冬，竖年春天分生孢子随气流春播，收获后入冬前彻底清除田间病株残体，竖年春天发病初期喷施50%多菌灵600倍液1～2次。

六、采收加工

北方春播在当年收获，株高25～30厘米时开始采收嫩茎叶食用，作药用的藿香，植株花序抽出未开花时收获。选晴天收割地上部分，薄摊晒至日落后，收起分层重叠堆积，次日再摊开日晒，翻晒至全干后迅速包好，减少香气的损失。

七、地方标准

1. 药材性状

藿香为不规则的小段，茎、叶混合。茎呈四方柱形，四角有棱脊，直径3～10毫米，表面黄绿色或灰黄色，毛茸稀少；叶对生，叶片皱缩或破碎，完整者展平后呈卵形，边缘有钝锯齿，两面微具毛茸。气芳香。味淡而微凉。以茎枝色绿、叶多、香气浓者为佳。（图2）

图2　藿香药材图

2．显微鉴别

茎横切面　表皮细胞外被角质层，并有腺毛及非腺毛。下皮厚角组织位于棱角处。皮层狭窄。中柱鞘纤维束断续排列成环，壁木化。维管束双韧形。韧皮部狭窄。形成层不明显。木质部在棱角处较发达，导管单个，散在，射线木化。髓部薄壁细胞圆多角形，纹孔明显，有时可见细草酸钙小柱晶。叶表面观：上、下表皮细胞垂周壁波状弯曲。下表皮气孔及毛茸较多，气孔直轴式。非腺毛1～4细胞，表面有疣状突起。腺鳞头部8细胞，罕为4细胞，直径60～90微米，柄单细胞，棕色；小腺毛头部1～2细胞，柄单细胞。

八、仓储运输

1．仓储

按商品要求捆扎成垛，亦可再加麻袋包装，包装应挂标签，标明品名、重量、规格、产地、批号和商标等内容。放置于阴凉干燥处。防止受潮，发霉和虫蛀。

2．运输

需要防止受潮，防止与有毒、有害物质混装。

九、药材规格等级

统货。

十、药用食用价值

藿香具有生干生热、降压强心、安神补脑、健胃开胃、行气止痛、消暑等功效，主治湿寒性或黏质性疾病，如寒性心脏虚弱、慢性高血压、神经衰弱、风寒头痛、耳痛、牙痛等。同时藿香果可作香料，叶及茎均富含挥发性芳香油，有浓郁的香味，为芳香油原料。现代研究表明，藿香还具有抗菌、抗螺旋体、抗病毒作用。

锦灯笼

本品为茄科植物酸浆*Physalis alkekengi* L.var. *franchetii*（Mast.）Makino的干燥宿萼或带果实的宿萼。

一、植物特征

多年生草本，基部常匍匐生根。茎基部略带木质，分枝稀疏或不分枝，茎较粗壮，茎节膨大。叶仅叶缘有短毛，长卵形至阔卵形，有时菱状卵形，顶端渐尖，基部不对称狭楔形、下延至叶柄，全缘而波状或者有粗牙齿、有时每边具少数不等大的三角形大牙齿，两面被有柔毛，沿叶脉较密，上面的毛常不脱落，沿叶脉亦有短硬毛；叶柄长1～3厘米。花梗长6～16毫米，开花时直立，后来向下弯曲，花梗近无毛或仅有稀疏柔毛，果时无毛；花萼除裂片密生毛外筒部毛被稀疏；花冠辐状，白色，裂片开展，阔而短，顶端骤然狭窄成三角形尖头，外面有短柔毛，边缘有缘毛；雄蕊及花柱均较花冠为短。果梗多少被宿存柔毛；果萼卵状，薄革质，网脉显著，有5纵肋，橙色或火红色，果萼毛被脱落而光滑无毛，顶端闭合，基部凹陷；浆果球状，橙红色，柔软多汁。种子肾脏形，淡黄色。花期5～9月，果期6～10月。（图1）

图1　酸浆

二、资源分布概况

锦灯笼在我国分布广泛，常生于田野、沟边、山坡草地、林下或路旁水边；亦可栽培。

三、生长习性

锦灯笼对外界环境的适应性较强，对气候和土壤的条件要求不十分严格，多以温暖、湿润的气候条件为适宜，在开花期对水分的需求较多，要求较强的光照，土壤以土质肥沃、排水良好的壤土或沙壤土较好。锦灯笼规范化种植要选择无大气污染的地区和环境，空气环境质量标准应达到GB 3095—1996的二级以上标准；种植地域水源最好为贮存水或地下水，远离污染源，水质应达到GB 5084—1992的二级以上标准；种植地区的土壤要远离污染源，不可利用有污染的土壤，土壤农残和重金属含量要在GB 15618—1995的二级以上标准。

四、栽培技术

（一）整地

1. 土地准备

选择肥力中等、质地疏松、结构好、易于排水、避风向阳、土层较厚的黑油沙土地块种植菇娘为适宜。前茬作物以谷子、玉米为最好。一般秋季耕翻深度25～30厘米，早春化冻13～17厘米深时，适时耕翻，细耙耢平，用石磙镇压。锦灯笼要大垄栽培，栽锦灯笼前一个月施基肥打大垄，垄距90～130厘米，垄高25～30厘米，大垄栽培使锦灯笼发育快，早熟3～5天，增产5%以上。

2. 施足基肥

田间施肥量应根据土壤、品种习性、栽培密度、水利条件等全面考虑，一般667平方米施厩肥1500千克，三元素复合肥30千克。把农肥、化肥混合后做底肥，打垄时施入。开花坐果后适当喷施叶面肥。

（二）播种

1. 繁殖材料

锦灯笼繁殖方式有种子繁殖和根茎繁殖两种方式。

（1）种子繁殖　成熟的种子表面有光泽，呈淡黄色或黄色，种子较小，千粒重约10克，略成肾形，种皮韧性较强，吸水略显膨胀，寿命一般为2～3年。

（2）根茎繁殖　根状茎生有许多不定芽，在北方于清明前后刨取根状茎，选无病、无虫害的根状茎做“种苗”，以壮者为好，剪成10厘米左右的小段，每段留有2～3个不定芽。

2. 种子处理

于9～10月采集充分成熟的果实，堆放腐熟，果肉变软后漂搓，用水漂洗去果皮、果肉，晾干后去除杂质，放于通风处，充分阴干水分后装入纱布口袋中，挂在冷室中贮藏（不要在室温条件下贮藏，否则降低发芽率）。播种前2个月进行层积处理：用40℃左右温水浸种，边放水边搅拌，待降到室温时浸种24小时左右，消毒后拌入相当于种子体积10倍的细河沙，在5℃左右的环境下催芽处理60天左右，湿度50%～60%，经常翻动，有1/3裂口的种子时即可播种。

3. 播种时间

锦灯笼播种育苗可分为三个时期进行。

（1）冬育苗春定植　即在1～2月份播种育苗，保持温度在10℃以上、30℃以下，一般在晚霜以后，4月中旬后定植。

（2）春育苗夏定植　即在3～4月份上旬育苗，期间注意苗床内温度不能过高，超过30℃即通风降温，秧苗由弱光到强光要循序渐进，避免中午突然接受强光而造成日光灼伤，4月末或5月初定植。

（3）夏育苗秋定值　即在6月下旬至7月初育苗，8月初定植，期间苗床播种后应盖杂草保持湿度，并搭遮荫棚，早晚揭棚，出苗后约10天撤掉遮荫棚。

4. 播种方式

可采用根状茎营养生殖、种子直播、育苗移栽方式。

（1）根状茎营养生殖　把剪好的根茎小段条播于4～5厘米的浅沟里，行距约30厘米，株距约20厘米，浇透水，覆约4厘米厚土，稍镇压后将畦面耙平。

（2）种子直播　一般在4月中下旬播种，播种前将畦做成约1.5米宽、15厘米高的苗床，按20厘米行距开沟直播，覆土约2厘米厚，浇透水。出苗后要及时间苗、锄草和防霜冻。

（3）育苗移栽　当苗床5厘米深的地温达8～10℃时可播种，播种前灌足底水。因锦灯笼的种子较小，可与层积处理的细砂一起条播，播种量1.5～2.5克/平方米，用细筛子筛覆一层细砂土、草质或腐殖质，以看不见种子为宜。覆土厚0.3～0.5厘米，镇压床面，再用稻草草苇帘覆盖，进行遮荫，用喷壶浇水，保持床面湿润。种子直播后20天左右出苗，出苗率达到40%时撤除覆盖物。

（三）田间管理

1. 中耕除草

禁止使用化学除草剂，以农业措施为主，及时人工除草。本着“肥地宜稀，薄地宜厚”的疏苗原则，每20厘米左右留一棵。中耕除草，栽后15～20天可出苗，出苗后要进行

“三铲三趟”，消灭杂草。苗高7～8厘米时铲头遍，接着第2遍，6月末或7月初完成第3遍，雨季要注意排水。

2. 灌溉

要适时灌溉排水，保持土壤湿润，幼苗期应少水勤浇，缓苗后根据土壤情况适当浇水灌苗，花期多浇水，坐果期应减少浇水次数，在雨季和低洼地还要注意排水，以防发生根腐病。

3. 施肥

锦灯笼是多年生植物，因此，在施好基肥的基础，要采取相应的追肥措施，保证满足锦灯笼生育期对养分的需求：①少施催苗肥。锦灯笼花蕾抽出前，施尿素225千克/公顷。②重施催蕾结果肥。结合浇水施尿素600千克/公顷。③采收后期喷磷酸二氢钾500倍液，每7天喷1次，共喷2次。

五、病虫害防治

（一）病害

1. 白粉病

在高温、高湿的条件下易发生。雨季排水防涝，减少浇水次数可减轻病害的发生。必要时采用药物防治。

2. 叶斑病

主要危害叶片、果实外苞叶。叶上病斑圆形或近圆形至不规则形，褐色，边缘具不明显轮纹；果实外苞叶得病，病斑呈不规则形，浅黑色，之中现黑色小点或霉丛。合理增加单位面积种植密度，注意通风透气；科学肥水管理，增施磷钾肥，增强植株抗病力；适合时宜浇水，雨后趁早排水，避免田地里潮气停留不动，造成湿度过大；田地里发觉病株趁早拔掉除去，收获后除净田地里病残体，减少次年菌源。必要时采用药物防治。

3. 病毒病

干燥高温条件易发病。传播途径是由蚜虫传播蔓延。通过黄板诱杀或利用辣椒加水喷洒。

（二）主要虫害

虫害主要有卷叶蛾、蛴螬、地老虎等，卷叶蛾以幼虫吐丝卷缩新萌发的嫩叶，躲在叶苞内咬食叶片，成虫有趋光性，可用黑光灯诱杀。幼虫的孵化期一般在6月中、下旬。在其卷叶前适当使用药物进行防治。危害严重时及时选择高效低毒生物农药处理。在距采收60天内，禁止喷洒农药。

六、采收加工

（一）采收时间

锦灯笼生长当年，含量检测达到《中国药典》“锦灯笼”项下标准时，每年10～11月待果实呈橙红色时，就可以采收了，盛果期5～6天采收1次。果实成熟后自然脱落，人工捡拾收获，质量好。以第1场霜后采收为最佳。

（二）采收方法

人工捡拾收获。

（三）加工

1. 加工场所

符合国家GAP规定的卫生要求，场地干净整洁，远离交通干道和污染源，要与生活区严格分开，防止生活污染。

2. 加工方法

果实采收后，要放在阴凉干燥并通风处，均匀摊开，厚度在5～6厘米为好，并要及时翻晒，使其外边宿存萼干燥，这种条件下可以存放3～5周，但必须保证经常翻晒、通风，晒至全干，即为商品锦灯笼。民间通常应用的一种方法是，将采收的酸浆果实用线穿成串，每串数量可根据情况而定，将其挂在通风处，可保存几个月时间。

七、药典标准

1. 药材性状

本品宿萼略呈灯笼状，多压扁，长3～4.5厘米，宽2.5～4厘米。表面橙红色或橙黄色，有5条明显的纵棱，棱间有网状的细脉纹。顶端渐尖，微5裂，基部略平截。内有棕红色或橙红色果实，果实球形，多压扁，直径1～1.5厘米，内含种子多数。气微，宿萼味苦，果实味甘、微酸。（图2）

图2　锦灯笼药材图

2. 显微鉴别

粉末特征　粉末呈橙红色。表皮毛众多。腺毛头部椭圆形，柄2～4细胞，长95～170微米。非腺毛3～4细胞，长130～170微米，胞腔内含橙红色颗粒状物。宿萼内表皮细胞垂周壁波状弯曲；宿萼外表皮细胞垂周壁平整，气孔不定式。薄壁组织中含多量橙红色颗粒。

3. 检查

水分　不得过10.0%。

八、仓储运输

1. 仓储

无毒聚丙烯塑料袋上印商标、药材名、净重、生产单位、产地。防水纸箱醒目部位印有商标、药材、产地、批号、生产日期、生产单位、保质期、指标性成分含量等。箱外相应部位盖印等级、采收时间、生产日期、含水量等，加盖合格证章及指标性成分含量即可。应贮存于通风、透光、干燥、清洁、无异味处。

2. 运输

运输过程中注意防雨、防潮、防暴晒、防污染。

九、药材规格等级

统货。

十、药用食用价值

锦灯笼果可食和药用，药用主治急性扁桃体炎、咽痛、肺热咳嗽等，外用可治天胞疮、湿疹。现代研究表明，锦灯笼具有抗炎、抗菌、抗癌、抗哮喘、降血糖血脂作用，能调节肠道菌群、利尿，此外锦灯笼果还可作为保健产品及特殊水果原料，亦属典型的药食两用植物。

菊苣为维吾尔族习用药材。

本品为菊科植物毛菊苣*Cichorium glandulosum* Boiss et Huet或菊苣*Cichorium intybus* L.的干燥地上部分或根。

一、植物特征

1. 毛菊苣

多年生草本植物，生于山坡疏林下、草丛中或为栽培。根肉质且肥大、短粗，根圆锥状，具须根。茎直立，有棱，中空，灰绿色，多分枝，分枝偏斜且先端粗厚，有疏粗毛或绢毛，少有无毛，下部无毛或几无毛，上部密被头状具柄的长腺毛。叶互生，基生叶倒向羽状分裂至不分裂，但有齿，先端裂片较大，侧裂片三角形，基部渐狭成有翅的叶柄；茎生叶渐小，少数，披针状卵形至披针形，上部叶小，全缘，全部叶的下面被疏粗毛或绢毛。头状花序单生茎和枝端，或2～3个在中上部的腋内簇生；总苞圆柱状；外层总苞片长短形状不一，下部软革质，有睫毛，外面无毛或有毛；花全部舌状，花冠蓝色。瘦果倒卵形，表面有棱及波状纹理，顶端截形，被鳞片状冠毛，棕色或棕褐色，密布黑棕色斑。气微，味咸、微苦。花期夏季。（图1）

图1　毛菊苣

2. 菊苣

多年生草本。茎直立，单生，分枝开展或极开展，全部茎枝绿色，有条棱，被极稀疏的长而弯曲的糙毛或刚毛或几无毛。基生叶莲座状，花期生存，倒披针状长椭圆形，包括基部渐狭的叶柄，基部渐狭有翼柄，大头状倒向羽状深裂或羽状深裂或不分裂而边缘有稀疏的尖锯齿，侧裂片3～6对或更多，顶侧裂片较大，向下侧裂片渐小，全部侧裂片镰刀形或不规则镰刀形或三角形。茎生叶少数，较小，卵状倒披针形至披针形，无柄，基部圆形或戟形扩大半抱茎。全部叶质地薄，两面被稀疏的多细胞长节毛，但叶脉及边缘的毛较多。头状花序多数，单生或数个集生于茎顶或枝端，或2～8个为一组沿花枝排列成穗状花序。总苞圆柱状；总苞片2层，外层披针形，上半部绿色，草质，边缘有长缘毛，背面有极稀疏的头状具柄的长腺毛或单毛，下半部淡黄白色，质地坚硬，革质；内层总苞片线状披针形，下部稍坚硬，上部边缘及背面通常有极稀疏的头状具柄的长腺毛并杂有长单毛。舌状小花蓝色，有色斑。瘦果倒卵状、椭圆状或倒楔形，外层瘦果压扁，紧贴内层总苞片，3～5棱，顶端截形，向下收窄，褐色，有棕黑色色斑。冠毛极短，2～3层，膜片状。花果期5～10月。

二、资源分布概况

毛菊苣主要分布于新疆的南疆地区，多生于平原绿洲。菊苣主要分布于北京、黑龙江、辽宁、山西、陕西，以及新疆北疆的阿勒泰、塔城、博乐、昌吉、乌鲁木齐、伊宁等地，生于荒地、河边、水沟边或山坡，在四川、广东等地有引种栽培。

三、生长习性

菊苣具有喜温、喜旱、耐热的特性。对光照要求严格，喜光照充足，生长初期到采收多需要晴天，生产适宜的海拔高度1000～3500米。适宜选择阳光充足，土层深厚、疏松肥沃、排水良好的沙质壤土，以细沙地带深厚细土的无杂草的地方为好，土壤养分水平中等以上，pH值在5.5～8之间。大气、水质、土壤无污染，周围不得有污染源。选择地势平坦，风沙危害较小的区域。

四、栽培技术

1. 播前准备

菊苣为深根植物，其根可入土20～40厘米，故宜选择肥沃疏松的沙质壤土，栽前每亩施1500～2000千克农家肥作基肥，要将地深翻20～40厘米，农家肥必须充分腐熟达到无害化标准，然后整平耙细，整墒待播。

2. 播种

种子处理：毛菊苣用种子繁殖，所选种子必须符合种子质量标准。要求种子发芽率高，发芽势高，无杂草种子等，所用种子必须经过检验和检疫，合格后才可使用。种子消毒：50%的多菌灵药液用清水稀释600倍，将种子浸泡1小时，消毒后阴干。

播种时间：为晚秋（11月中下旬）或早春解冻到4月底前都可进行，但播种期越早越好，秋天播种可解决春天缺水时期的灌水问题，又可以提早出苗时间，出苗整齐，幼苗生长健壮。

播种方式：横向开沟，沟深3厘米，播幅宽30～40厘米，种子播前可混入5倍体积的细沙或细土，然后撒播至沟内，覆盖厚1厘米的细土，然后填压，亩播种量为1～1.5千克。播种后1～4天浇水。

3. 田间管理

间苗定苗：早春苗高10厘米左右开始间苗，间去过密苗、弱苗。苗高20厘米左右即可定苗，株距以15～20厘米为宜。

浇水：毛菊苣幼苗期怕干旱，应注意及时浇水。故根据生长条件每隔一月浇水一次比较合适，避免田间积水。

中耕除草：整个生长期进行除草1～2次。毛菊苣出苗时去掉杂草，不容易再出现杂草，如再次出现拔去杂草。生长期除草松土结合进行，注意不要伤其根。

追肥：毛菊苣最适宜的追肥次数为2次，每次用量不超过500千克/亩，均使用农家有机肥。施肥方法：于行间开沟施入，施后覆土盖紧。

五、病虫害防治

毛菊苣病虫害较少，总体遵循以防为主，综合防治，尽量少用或不用药物防治，在使用药物防治的过程中，要选择高效、低毒农药；尽量利用农业、生物、物理等方法防治病虫害，不用或少用农药防治；采收前1个月内不得使用任何农药。播籽播种前用多菌灵稀释后浸种，消灭种子携带的病原物，有效减少病害。及时除掉杂草，使菊苣通风透光良好，生长健壮，可抵抗病原菌的侵入和减少病虫害的发生。要勤松土，提高土温，通过增加土壤通气性，亦可减少病害的发生。

六、采收加工

毛菊苣的采收时间大致在7月间，种子成熟时拔除全草，隔下其根，分离种子和全草。采收的菊苣根洗净晒干得菊苣根。采收的全草阴干后打下种子簸净杂质得菊苣种子。全草晒干，全草水分小于13%时粉碎，粉碎长度为3～5厘米，至菊苣全草。

七、药典标准

1. 药材性状

毛菊苣：茎呈圆柱形，稍弯曲；表面灰绿色或带紫色，具纵棱，被柔毛或刚毛，断面黄白色，中空。叶多破碎，灰绿色，两面被柔毛；茎中部的完整叶片呈长圆形，基部无柄，半抱茎；向上叶渐小，圆耳状抱茎，边缘有刺状齿。头状花序5～13个成短总状排列。总苞钟状，直径5～6毫米，苞片2层，外层稍短或近等长，被毛；舌状花蓝色。瘦果倒卵形，表面有棱及波状纹理，顶端截形，被鳞片状冠毛，长0.8～1毫米，棕色或棕褐色，密布黑棕色斑。气微，味咸、微苦。（图2a）

毛菊苣根：主根呈圆锥形，有侧根和多数须根，长10～20厘米，直径0.5 ～1.5厘米。表面棕黄色，具细腻不规则纵皱纹。质硬，不易折断，断面外侧黄白色，中部类白色，有时空心。气微，味苦。

菊苣：茎表面近光滑。茎生叶少，长圆状披针形。头状花序少数，簇生；苞片外短内长，无毛或先端被稀毛。瘦果鳞片状，冠毛短，长0.2～0.3毫米。（图2b）

图2　菊苣药材图

a. 毛菊苣；b. 菊苣

菊苣根：顶端有时有2～3叉。表面灰棕色至褐色，粗糙，具深纵纹，外皮常脱落，脱落后显棕色至棕褐色，有少数侧根和须根。嚼之有韧性。

2. 显微鉴别

（1）毛菊苣

茎横切面：表皮偶有多细胞腺毛。棱角处皮下为厚角细胞，皮层细胞充满黄棕色内含物；内皮层细胞凯氏点较明显，中柱鞘纤维不发达，维管束外韧型，有20～25束，形成层明显，导管类圆形，单个或数个环列于木质部，直径8～50微米。

根横切面：木栓层2～3列细胞，棕黄色；韧皮射线或多列，形成层明显，木质部导管散在或2～6个径向排列，木射线1～6列，细胞宽，细胞壁薄，纹孔明显。

（2）菊苣

茎横切面：表皮1层，外有角质层；外表皮1层，细胞较大，壁稍有加厚；木栓层1～3层，细胞扁平；皮层薄壁组织多层，其间散生分泌结构（乳汁管、道）；次生韧皮部带状环形，通常2～5层，但初生韧皮部内茎凹槽处呈倒梯形15～20层细胞堆集；次生木质部5～10层，带状环绕髓部；初生木质部环状间隔排列于髓外围；髓薄壁组织细胞大，部分有分泌物，在中央形成髓腔。

根横切面：木质部约占横切面的1/2。

粉末特征：粉末呈淡绿色。花粉粒类圆形，直径12～20微米，表面具刺状突起，具三孔沟。种皮表皮细胞壁呈链珠状，表面具细密网状纹理，草酸钙方晶呈类方柱形，长约至20微米。冠毛呈多列性分枝状，各分支单细胞，先端渐尖。叶表皮气孔为不定式；纤维多呈束，顶端钝圆，直径11～23微米。具缘纹孔、网纹及螺纹导管易见。

3. 检查

（1）水分　不得过10.0%。

（2）总灰分　不得过10.0%。

4. 浸出物

用55%乙醇作溶剂，不得少于10.0%。

八、仓储运输

1. 仓储

菊苣根、全草、种子均应在包装前充分干燥，去杂。使用的包装材料为编织袋，或根据购货商的要求而定。在每件药材包装上，标有品名、规格、产地、批号、生产与包装日期、生产单位、贮藏条件，并附有质量合格的标志及检验员等。置于室内干燥通风处贮藏。防潮、防火、防鼠。

2. 运输

各种运输工具均可运输，运输工具或容器应具有良好的通气性，必须清洁、干燥、无异味、无污染，并应有防潮措施。严禁与菊苣产生污染的其他货物混装运输。

九、药材规格等级

统货。

十、药用食用价值

菊苣具有清肝利胆、健胃消食、利尿消肿之功效。用于治疗湿热黄疸、胃痛食少、水肿尿少。菊苣中主要含有多糖类、萜类、黄酮类和酚酸类等化学成分。现代药理学研究证明，菊苣还具有保肝、抗菌、降糖、调血脂、抗高尿酸血症、抗氧化和抗炎活性。除药用外，菊苣还作为牧草和蔬菜、保健品被广泛应用，菊苣叶可调制生菜，其根含有菊糖及芳香族物质，可提制代用咖啡，促进人体消化器官活动。

罗布麻

本品为夹竹桃科植物罗布麻*Apocynum venetum* L.。药用部位有叶、根及茎皮。

一、植物特征

直立半灌木，具乳汁；枝条对生或互生，圆筒形，光滑无毛，紫红色或淡红色。叶对生，仅在分枝处为近对生，叶片椭圆状披针形至卵圆状长圆形，顶端急尖至钝，具短尖头，基部急尖至钝，叶缘具细牙齿，两面无毛；叶脉纤细，在叶背微凸或扁平，在叶面不明显，侧脉每边10～15条，在叶缘前网结；叶柄间具腺体，老时脱落。圆锥状聚伞花序一至多歧，通常顶生，有时腋生，花梗被短柔毛；苞片膜质，披针形；花萼5深裂，裂片披针形或卵圆状披针形，两面被短柔毛，边缘膜质；花冠圆筒状钟形，紫红色或粉红色，两面密被颗粒状突起，花冠裂片基部向右覆盖，裂片卵圆状长圆形，稀宽三角形，顶端钝或浑圆，与花冠筒几乎等长，每裂片内外均具3条明显紫红色的脉纹；雄蕊着生在花冠筒基部，与副花冠裂片互生；花药箭头状，顶端渐尖，隐藏在花喉内，背部隆起，腹部粘生在柱头基部，基部具耳，耳通常平行，有时紧接或镶合，花丝短，密被白茸毛；雌蕊花柱短，上部膨大，下部缩小，柱头基部盘状，顶端钝，2裂；子房由2枚离生心皮所组成，被白色茸毛，每心皮有胚珠多数，着生在子房的腹缝线侧膜胎座上；花盘环状，肉质，顶端不规则5裂，基部合生，环绕子房，着生在花托上。蓇葖2，平行或叉生，下垂，箸状圆筒形，顶端渐尖，基部钝，外果皮棕色，无毛，有纵纹；种子多数，卵圆状长圆形，黄褐色，顶端有一簇白色绢质的种毛；子叶长卵圆形，与胚根近等长；胚根在上。花期4～9月（盛开期6～7月），果期7～12月（成熟期9～10月）。（图1）

图1　罗布麻

二、资源分布概况

罗布麻是耐盐中生植物，生于干旱地区的潮湿地带，如盐碱荒地、沙漠边缘及河流两岸、冲积平原、湖泊周围和戈壁荒滩的砂质地上。我国主要分布于新疆、青海、甘肃、陕西、山西、河南、河北、江苏、山东、辽宁及内蒙古等地。

三、生长习性

罗布麻喜光、耐寒耐旱，抗风蚀、抗逆性强。由于茎柔软并且具有十分发达的水平和垂直根系，根蘖繁殖发达，可耐踩踏，当年的新枝多从往年宿存的枯枝丛内萌发，新枝在枯枝的保护下，不致被风所害。主要野生在盐碱荒地和沙漠边缘及河流两岸、冲积平原、河泊周围及戈壁荒滩上。罗布麻是耐盐植物，常野生在干旱地区的潮湿地带如沙漠边缘、盐碱荒地四周及河流两岸和戈壁荒滩的砂质地上。罗布麻粗壮的深根系能穿过表土重盐层2～3米以下，吸取下层含盐较轻土层中的水分。在降雨量不足100毫米，地下水深不超过4米，表土30厘米以下土壤含盐量不超过1%的盐碱地和沙荒地上都能生长。

四、栽培技术

罗布麻对土壤要求不严，但应以地势较高、排水良好、土质疏松、透气性沙质壤土为宜。地势低洼，易涝、易干旱的黏质土和石灰质的地块不宜栽种。在我国的华北、西北大部分地区均宜种植，尤以新疆最佳。

1. 播前准备

（1）种子筛选　采用水选法，将罗布麻种子，放入温度15～25℃的清水中，选择沉于水中的、饱满的种子，平均千粒重350毫克备用。

（2）营养杯制备　将市售塑料营养杯，口径10厘米，高10厘米，杯底有一小孔孔径1厘米的营养杯内装满由高山草原土、腐熟羊粪和草炭土按重量比1：1：1混合配制的营养土，备用。

2. 育苗

（1）播种期、播种量　每年3月上、中旬开始播种，10～15天出全苗，控制苗龄45～50天，播种量为每个营养杯中播种10～15粒种子。

（2）温室设施　温室内设有供热系统，透光率为50%，当室外在温度为20℃时，营养杯土壤温度保持在17～23℃，室内温度为15℃。

（3）幼苗期管理　控制温室土壤温度在20～25℃，土壤含水量20%～30%，温室内相对空气湿度80%～90%。

3. 苗圃移栽

5月上、中旬将温室内的营养杯移入苗圃，按行距30厘米、株距10～15厘米栽种，苗圃土壤含盐量为0.3%～0.8%；苗圃期间除中耕除草外，保持土壤湿润，追施有机肥，或不施肥，控制幼苗徒长。

4. 大田移栽

（1）土地整理　移栽前先将大田大致平整，按株距1米、行距1.5米×3米的循环挖坑，其坑直径为40厘米、深度为30厘米。

（2）移栽　10月上、中旬，当年苗圃苗地上部分落叶后，于土壤上冻前进行大田移栽。在坑内撒入1千克有机肥，之后再将苗圃中原株丛带土移栽于此坑，培土踏实，地面留出部分枯茎，再铺上滴灌管，浇一次透水，使幼苗根与土壤密切结合。

（3）田间管理　新栽的幼苗根系较浅，不耐干旱，开春出芽后，均应滴灌浇水，保持土壤湿润，宜在早晚进行，进入7月，根据天气情况，每周浇水1次，至8月底停水，至9月中、下旬落叶后浇1次透水。

五、病虫害防治

罗布麻的主要病害为锈病，锈病发病率可高达53% ～87%，且随着植物生长季的延伸而加重，达到峰值后，发病程度有所减缓。且植株下部发病最重，中、上部次之。罗布麻锈病的发生与气象、环境因子密切相关，野生区罗布麻锈病的发生与降水量和植被总盖度有显著正相关。

六、采收加工

开花前摘叶，晒干或阴干，亦有蒸炒揉制后用；夏季割取全草，切段，晒干。用种子繁殖的和当年栽植的第1年只能采收1次，以后每年6月和9月各采收1次。第1次采收时，在初花期或初花期前，距根基部15～20厘米割取；第2次从近地处割下全株。割下来的枝条趁鲜摘下叶片，也可以阴干或晒干后打下叶片。鲜枝条可以切成1～2厘米的短段，晒干或阴干，外观形状以叶片完整、色绿为佳。

七、药典标准

1. 药材性状

罗布麻叶多皱缩卷曲，有的破碎，完整叶片展平后呈椭圆状披针形或卵圆状披针形，长2～5厘米、宽0.5～2厘米。淡绿色或灰绿色，先端钝，有小芒尖，基部钝圆或楔形，边缘具细齿，常反卷，两面无毛，叶脉于下表面突起；叶柄细，长约4毫米。质脆。气微，味淡。（图2）

图2　罗布麻药材图

2. 显微鉴别

（1）叶表面观　上下表皮细胞多三角形，垂周壁平直，表面有颗粒状角质纹理，气孔平轴式。

（2）叶横切面　表皮细胞扁平，外壁突起。叶两面均具栅栏组织，上表皮内栅栏组织多为2列，下表皮内多为1列，细胞极短，海绵组织细胞2～4列，含棕色物。

（3）粉末特征　粉末呈淡绿色。表皮细胞长方形或方形，外被角质层及乳突状凸起，可见单细胞非腺毛；叶两面均具栅栏组织，上表皮内栅栏细胞多为2列，下表皮内多为1列细胞，细胞极短，气孔多见，平轴式。海绵组织细胞2～4列，含棕色物，其中有大量导管及乳汁管；主脉维管束双韧型。螺纹或环纹导管。

3. 检查

（1）水分　不得过11.0%。

（2）总灰分　不得过12.0%。

（3）酸不溶性灰分　不得过5.0%。

4. 浸出物

用75%乙醇作溶剂，醇溶性浸出物不得少于20.0%。

八、仓储运输

1. 仓储

按罗布麻叶药材商品要求，专用药材饮片包装袋包装，包装应挂标签，标明品名、重量、规格、产地、批号和商标等内容。罗布麻叶及其加工品应存放在通风防雨的干燥库房内，注意防潮、防虫，长期贮存特别要注意防虫和太阳直射。

2. 运输

需要防止受潮，防止与有毒、有害物质混装。

九、药材规格等级

统货。

十、药用食用价值

罗布麻叶主要用于治疗高血压、眩晕、头痛、心悸、失眠等。现代研究表明：罗布麻叶含有大量黄酮、三萜、有机酸、氨基酸等化学成分，对高血压、高血脂有较好的疗效，尤其对头晕症状、改善睡眠质量有明显效果，同时具有增强免疫、预防感冒、平喘止咳、消除抑郁、活血养颜、解酒护肝、降解烟毒、软化血管、通便利尿等功效；罗布麻根中所含加拿大麻苷，具有较强的强心作用。

此外，罗布麻嫩叶蒸炒揉制后当茶叶饮用，有清凉去火、防止头晕和强心的功用；种毛白色绢质，可作填充物；麻秆剥皮后可作保暖建筑材料；罗布麻花多，花期较长，美丽、芳香，具有发达的蜜腺，是一种良好的蜜源植物。

罗勒

luo le

本品为唇形科植物丁香罗勒*Ocimum gratissimum* L.的干燥地上部分。

一、植物特征

直立灌木，极芳香。多分枝，茎、枝均四棱形，被长柔毛或在棱角上毛被脱落而近于无毛，干时红褐色，髓部白色，充满。叶卵圆状长圆形或长圆形，向上渐变小，先端长渐尖，基部楔形至长渐狭，边缘疏生具胼胝尖的圆齿，坚纸质，微粗糙，两面密被柔毛状绒毛及金黄色腺点，脉上毛茸密集，侧脉5～7对，与中脉在两面多少显著，叶柄扁平，密被柔毛状绒毛；花序下部苞叶长圆形，细小，近于无柄。总状花序顶生及腋生，直伸，具长1.5～2.5厘米的总梗，在茎、枝顶端常呈三叉状，中央者最长，两侧较短，均由具6花的轮伞花序所组成，花序各部被柔毛；苞片卵圆状菱形至披针形，先端长渐尖，基部宽楔形，无柄，密被柔毛状绒毛及腺点；花梗明显，被柔毛。花萼钟形，多少下倾，花外面被柔毛及腺点，内面在喉部被柔毛，余部无毛，萼筒长约2毫米，萼齿5，呈二唇形，上唇3齿，中齿卵圆形，先端锐尖，边缘下延，多少反卷，侧齿微小，稍宽于下唇2齿，具刺尖，下唇2齿，齿极小，具二刺芒的呈高度靠合的唇片，果时花萼明显增大，显著下倾，连齿长达5毫米，10脉，果时显著，后中齿明显反卷。花冠白黄至白色，稍超出花萼，外面在唇片上被微柔毛及腺点，内面无毛，冠筒向上渐宽大，冠檐二唇形，上唇宽大，4裂，裂片近相等，下唇稍长于上唇，长圆形，全缘，扁平。雄蕊4，分离，插生于冠筒中部，近等长，花丝丝状，后对花丝基部具齿状附属器，无毛，花药卵圆形，汇合成1室。花柱超出雄蕊，先端相等2浅裂。花盘呈4齿状突起，前方1齿稍超过子房，其余3齿略与子房相等。

小坚果近球状，径约1毫米，褐色，多皱纹，有具腺的穴陷，基部具一白色果脐。花期10月，果期11月。（图1）

图1　丁香罗勒

二、资源分布概况

产自新疆、吉林、河北、浙江、江苏、安徽、江西、湖北、湖南、广东、广西、福建、台湾、贵州、云南及四川，多为栽培，南部各省区有逸为野生的。也产自非洲至亚洲温暖地带。

三、生长习性

罗勒植株的适应能力较强，一般土壤均可种植，但性喜砂质壤土或腐殖质壤土，喜温暖湿润气候，不耐寒，耐干旱，不耐涝，以排水良好、肥沃的砂质壤土或腐殖质壤土为佳，在土质黏重、瘠薄的土壤上种植时生长发育不良。

四、栽培技术

罗勒为深根植物，其根可入土50～100厘米，故宜选择排水良好、肥沃疏松的砂质壤土。栽前施足基肥，整平耙细，做130厘米左右的平畦或高畦。

（一）整地

1. 深耕细耙

选择靠近水源、地势平坦、土层深厚、肥沃疏松的砂质壤土，通风向阳、排水良好的地块，深翻整平、耙细进行暴晒，做成宽110～120厘米，高15～20厘米，长4米，沟宽30厘米的苗床，四周有灌溉沟。播种前覆盖一层厚约10厘米的草木灰，可防虫并促进育苗生长。

2. 施足基肥

每亩撒施腐熟羊粪250千克、三元复合肥15千克，于移栽前7～10天结合整地施入，深翻25～30厘米，使肥土混合均匀。

3. 作畦

按畦宽（连沟）1米整地做畦，并覆盖地膜。当幼苗4叶1心时，一畦二行，按“品”字形定植，按株行距55厘米×40厘米进行定植，定植后浇足定根水。

（二）播种

1. 繁殖材料

罗勒繁殖根据种植条件和要求的不同可采用有性（种子）和无性（扦插）两种繁殖方法，因此繁殖材料有种子和扦插两种。

（1）种子　将采收好的种子，用干净的湿毛巾包好，保持温度在25℃，进行催芽。当种子的小芽长出来的时候，需要将温度降下3～5℃，养护一段时间后进行播种。

（2）扦插选择　罗勒是可以扦插的，扦插的主要工作就是选择插蕙，扦插以及养护。

在插蕙的选择上，罗勒的插蕙不宜选择开花的植株，所以扦插需要在开花前进行。剪下5～10厘米长的枝条，修剪一下，仅保留两片叶子。将插蕙插入准备好的介质当中，浇透水，等待它生根。也可以直接水插，操作简单，并且干净美观。

2. 种子处理

播前晒种1～2天，然后用55℃温水浸种10分钟，再用20～30℃温水浸泡3小时，捞出种子用干净的湿纱布包好，置25℃条件下催芽24～48小时，期间用清水冲洗种子1～2次，有50%～60%胚根顶破种皮时播种。

3. 播种时间

春季播种，播种要选择晴天上午进行，将营养土装入播种盘内，用热水或温水浇透，等水渗下后，撒1层药土，将出芽的种子均匀播于盘内，上面覆1厘米厚药土，盖上塑料薄膜，保温保湿。

4. 播种方式

可采用条播、穴播、育苗移栽三种方式。

（1）条播　条播按行距35厘米左右开浅沟。

（2）穴播　穴播按穴距25厘米开浅穴，匀撒入沟里或穴里，盖一层薄土，并保持土壤湿润，每亩用种子0.2～0.3千克。

（3）育苗移栽　用黑色塑料，标准尺寸同筛盆（54厘米×28厘米），用50穴或72穴的穴盘，将催芽后的罗勒种子置于穴盘，每穴2～4粒种子覆盖0.5厘米营养土，在25℃左右，3天后逐渐发芽出苗，通过穴盘育苗的方式使种子根系发达，移植成活率高。

（三）田间管理

定植后要及时查苗、补苗，保证全苗，避免缺苗断垄。遇干旱天气，要浇水保苗直至成活。待苗株高至20～30厘米时进行打顶，以利后期增加产量。2周左右苗株根系展开，要施氮肥，叶片喷施叶面肥。定植缓苗后进行第一次中耕，1个月左右第二次中耕，施尿素150千克/公顷，施肥前除草松土。另外，在罗勒生长过程中不可避免会遭到病虫害的危害，需要加强防控。罗勒喜日照充足，最适生长条件为平均每天日照6小时以上。大棚内白天温度控制在25℃左右，夜间18℃左右。缓苗后植株转入正常生长，白天温度控制在22～23℃，夜间16℃左右。土壤保持不过干过湿的状态。定植20天后结合浇水每亩滴施三元复合肥1.5～2.5千克，此后每采收2次结合浇水每亩滴施三元复合肥1.5～2.5千克，促进茎叶生长和分枝形成。植株现蕾时，及时摘除花蕾，以利促发新枝，防止茎叶老化。采摘中、后期，要及时摘心，促进多发侧枝。

1. 苗期管理

出苗前棚温保持25℃左右，50%以上幼苗破土时揭除地膜，齐苗后棚温控制在20℃左右。出苗后土壤湿度保持在田间最大持水量的85%左右。若苗长势偏弱，应及时追施1%尿素液肥。齐苗后喷洒70%甲基托布津可湿性粉剂800倍液和90%晶体敌百虫1000倍液防治病虫害。移栽前1周逐步炼苗，确保幼苗矮壮、叶色深绿、茎节粗短，移栽后缓苗快。

2. 中耕除草

一般中耕除草2次，第1次于定植缓苗后浅锄表土，第2次在5月上旬～6月上旬，中耕后培土。

3. 肥水管理

定植缓苗后追施发棵肥，每667平方米兑水浇施尿素7.5千克，促进根系生长和提早抽生分枝。第1次采收后，距根20厘米开浅沟兑水浇施尿素20千克左右，并进行培土，以满足植株营养需求。以后每采收1次叶面喷施多元复合液肥，确保植株健壮生长。罗勒幼苗期怕干旱，应注意及时浇水，定植缓苗后小水勤浇，保持土壤见干见湿。

4. 施肥

移栽前10天，每667平方米施腐熟有机肥2000千克、复合肥15千克，耕翻土层深20厘米左右，精细平整，达到肥土混合均匀。播前7天用48%氟乐灵120毫升兑水30千克均匀喷洒畦面，并浅耙土壤，使其渗透表土。

五、病虫害防治

罗勒是一种芳香植物，整株含有天然芳香成分，散发出特殊气味具有一定的驱虫能力，因此病虫害发生较少。

六、采收加工

1. 采收时间

定植30天后采收第一次，采摘嫩梢4～5厘米；当株高超过20厘米后，每隔7天采收1次，采摘嫩梢7～8厘米，可采收至10月底。

2. 采收方法

（1）嫩梢采收　当罗勒株高达到20～30厘米时，即可陆续采收上市。采收时，前期只采收分枝上各节叶腋抽生的嫩梢，以促进整体植株发育；中期采收对主茎、侧枝摘心，促使植株多发侧枝，保证后期产量；后期采收时，选留侧枝，适度采收，以延长采收期。

（2）种子采收　8～9月，种子成熟时收割全草，后熟几天，收获种子，去除杂质。

3. 加工

收割时用镰刀离地面20～25厘米植株部位割下，避免摇动根系，以免影响再生能力，随后加强肥水管理，促其重新萌发新的茎叶。收割后应尽快进行加工，摊放在阳光下晾晒或放入烘房中干燥，烘房温度控制在40℃左右，利于保色、保香，干燥后的叶子经包装后储存。

七、地方标准

1. 药材性状

本品长40～70厘米。茎方柱形，黄绿色或带紫色，被柔毛（图2）。叶对生，多皱缩或脱落，叶片展平后呈卵圆形至卵状披针形，全缘或有微锯齿，叶面有腺点。总状轮伞花序顶生，每轮有花6朵，花冠多已脱落；花萼棕褐色，膜质，5齿裂，边缘具柔毛，内有黑褐色果实，呈长圆形至卵形。气芳香，味辛凉。

图2　罗勒药材图

2. 显微鉴别

粉末特征　粉末呈棕色，外果皮细胞棕黑色，细胞壁波状弯曲，类方形或长方形，中果皮细胞棕红色。厚角细胞壁黑色，于角隅处增厚，种子表皮细胞浅棕色，多角形，壁稍厚，表面密布细网纹，导管梯纹，直径15～25微米。石细胞成群或散在，棕黄色，直径18～36微米，胞腔大，孔沟明显或不明显。纤维梭形，直径约20微米，壁孔不明显，油滴众多，黄色，圆形，大小不一。薄壁细胞类圆形，浅黄色，壁薄。果皮表面黏液层灰白色，遇水膨胀。

八、仓储运输

1. 仓储

罗勒种子可用玻璃瓶密闭包装或布袋包装。罗勒种子属需氧种子，同时含有芳香挥发性成分，如用玻璃瓶密闭包装，容易缺氧致死，在室内常温下保存2个月将失去生命力。因此，罗勒种子保存应以布袋包装，置冰箱10℃以下保存最好，种子寿命可达24个月。

2. 运输

需要遮光防潮，控温。

九、药材规格等级

统货。

十、药用食用价值

全草入药，治胃痛、胃痉挛、胃肠胀气、消化不良、肠炎腹泻、外感风寒、头痛、胸痛、跌打损伤、瘀肿、风湿性关节炎、小儿发热、肾脏炎、蛇咬伤，煎水洗湿疹及皮炎；茎叶为产科要药，可使分娩前血行良好；种子名光明子，主治目翳，并试用于避孕。

罗勒全身是宝，具有观赏、食用、药用等价值，罗勒精油更是被广泛应用于医药、食品及化工等领域。据最新研究发现，罗勒精油具有抗辐射、抗菌、抗肿瘤作用，降血脂与血糖作用，抗氧化作用，抗应激作用等功效。罗勒嫩叶可作为蔬菜，凉拌直接食用。茎、叶及花穗含芳香油，一般含油0.1%～0.12%，油的比重（15℃）0.900～0.930，折光度（20℃）1.4800～1.4950，旋光度（20℃）–6°～20°，其主要成分为草藁素（含量在55%左右）、芳樟醇（含量34.5%～40%）及乙酸芳樟酯、丁香酚等，主要用作调香原料，配制化妆品、皂用及食用香精，亦可用作制牙膏、漱口剂的矫味剂。嫩叶可食，亦可泡茶饮，有祛风、芳香、健胃及发汗作用。

mei gui hua

玫瑰花

本品为蔷薇科植物玫瑰*Rosa rugosa* Thunb.的干燥花蕾。

一、植物特征

直立灌木；茎粗壮，丛生；小枝密被绒毛，并有针刺和腺毛，有直立或弯曲、淡黄色的皮刺，皮刺外被绒毛。小叶5～9，连叶柄长5～13厘米；小叶片椭圆形或椭圆状倒卵形，先端急尖或圆钝，基部圆形或宽楔形，边缘有尖锐锯齿，上面深绿色，无毛，叶脉下陷，有褶皱，下面灰绿色，中脉突起，网脉明显，密被绒毛和腺毛，有时腺毛不明显；叶柄和叶轴密被绒毛和腺毛；托叶大部贴生于叶柄，离生部分卵形，边缘有带腺锯齿，下面被绒毛。花单生于叶腋，或数朵簇生，苞片卵形，边缘有腺毛，外被绒毛；花梗密被绒毛和腺毛；花萼片卵状披针形，先端尾状渐尖，常有羽状裂片而扩展成叶状，上面有稀疏柔毛，下面密被柔毛和腺毛；花瓣倒卵形，重瓣至半重瓣，芳香，紫红色至白色；花柱离生，被毛，稍伸出萼筒口外，比雄蕊短很多。果扁球形，砖红色，肉质，平滑，萼片宿存。花期5～6月，果期8～9月。（图1）

图1　玫瑰花

二、资源分布概况

玫瑰花原产我国北部，现全国各地均有栽培，主产于新疆和田、甘肃苦水、山东平阴和烟台、北京延庆和妙峰山、河北张家口、河南延岭和商水、黑龙江大兴安岭以及吉林长白山等地。

三、生长习性

玫瑰是阳性花卉，需充足阳光日照，通风环境，较耐旱（特别是冬季落叶期），怕涝。喜微碱或中性的肥沃土壤。耐寒，怕高温，最适温度20～25℃，20～22℃的气温下开花最盛，花朵鲜艳持久，每天上午时采花，精油含量最高。随着花瓣全放，气温升高，日照强烈时，精油自然挥发，香味降低。

四、栽培技术

玫瑰喜中性肥沃沙壤土，如在山地栽植，以向阳坡为宜。在地块选择时要选择土层厚，肥力中上，能排能灌，中性或碱性土壤。阴湿低洼地、水泽地、林荫下不能栽植。

（一）选地、整地

栽种玫瑰要选择地势平坦、土质肥沃、耕作层比较深、通气排水良好的沙质土壤，或是避风向阳的山坡。土地经过深耕暴晒以后，规划大小行道、排水沟渠等。根据地形，整地筑畦，做好栽种的准备。如果是新垦荒地，或是土质结构比较差的土壤，必须在栽种玫瑰之前，施入腐熟的堆杂肥、厩肥、绿肥，增加土壤中的有机质，改良土壤结构，促使土质疏松肥沃。

（二）繁殖技术

繁殖玫瑰可以利用其营养器官，如根和枝条进行无性繁殖育苗。这种方法培育的新苗，可以保持原有品种的优点，成活率比较高，生长快，效果好。常见的无性繁殖方法有扦插、分株、压条等方法。

1. 扦插

根据扦插的材料、时间和方法的不同，有硬枝扦插、嫩枝扦插、地膜覆盖全封闭保湿扦插等。

（1）硬枝扦插　硬枝扦插是在玫瑰花丛落叶以后的休眠期间进行，也可以在早春萌动前进行。插条选自优良的玫瑰品种，以1～2年生、生长健壮、无病虫害的枝条为好，插条最好选择枝条的中段，可以利用当年开过花的枝条，先把残花剪掉，经过2～3天后，在新芽没有萌发前，把枝条剪断立即扦插成活率较高。

剪取插条的时间以晴天最好，扦插时把剪断的插条垂直或倾斜插在已准备好的苗床里，插进土中的深度为8～10厘米。扦插时株距约为5厘米，行距为6厘米。如果是露天苗床，适当盖些碎草，做好防寒工作。

（2）嫩枝扦插　嫩枝扦插在6月下旬至9月间均可进行，这段时间气温适宜，当年生玫瑰枝条都已逐渐半木质化，营养丰富，生长健壮，所以容易成活。选择当年生健壮枝条，剪成约10厘米长短，上端平剪，下端剪斜口。把插条垂直插入苗床中，插进土中深3～4厘米，株距5厘米，行距6厘米。

（3）地膜覆盖全封闭保湿扦插　选取当年生健壮、无病虫害、发育充实、完全木质化的硬枝，将其剪成10～15厘米的插条，每根需具有3～4个节位。用500毫克/升吲哚丁酸或500毫克/升萘乙酸溶液快速浸蘸下端斜面5～10秒，取出稍晾干后进行扦插。按行株距10厘米×5厘米，用小木棒或竹筷在畦面引孔，再将插条插入孔内，避免碰伤皮层，插入深度为插条长的1/2～2/3，插后压实，浇1次透水。

为促进插条生根，可以采用生长调节剂进行处理。

（4）扦插育苗的管理　硬枝或嫩枝的扦插工作完毕后，要及时进行浇水，但是水分不可以过多，防止过分潮湿而烂根。苗床为避免强烈阳光的照射和气温过高，需要进行遮荫。插条发芽生根后，要及时拆除荫棚。扦插后25～30天，插条进入生根发芽期，要逐渐增加光照的时间，促使插条早日生根发芽。气温25℃左右，是玫瑰插条产生愈伤组织最适宜的温度。如果温度过高，会抑制愈合生根，而且容易腐烂；如果温度过低，愈伤组织生长缓慢。

2. 分株

利用玫瑰直立丛生、地下茎萌发力强的特点，从老株根部分为两部分或许多部分，都能够成活生长。如果把花丛周围的新生萌草蘖挖出移栽，还有利于母株生长。分株繁殖玫瑰，方法比较简单，成活率高。因分株的时间不同，分冬春季分株和秋冬季分株两种。冬春季分株是在1月下旬和2月上旬之间，玫瑰嫩芽萌动前进行的分株。秋冬季分株是在玫瑰落叶后进行的分株。实践证明，11～12月间秋冬季分株的玫瑰花丛生长较好。秋冬季分株栽种，第二年春天萌发后，就可以有少量开花；3年后玫瑰可形成灌木丛。分株后的玫瑰要立即进行栽种，尽量不要隔夜。栽种前，最好先蘸上泥浆，然后栽种，以便提高栽种后的成活率。

3. 压条

压条的时间一般在落叶后，进入越冬休眠期的前期，最好是在11～12月；开花以后6～7月间也可以进行压条。

（三）田间管理

玫瑰花对土壤和气候的适应性比较强，管理也比较粗放。但是，为了玫瑰花的高产丰收，栽种后的管理工作是非常重要的，必须及早进行。

1. 中耕除草

玫瑰枝有刺，田间操作不便，要注意锄草。一般春季在3～4月锄草1次，防止杂草丛生，与玫瑰开花争夺养分。入伏后，特别是雨季，杂草生长快，如杂草丛生，则招致病虫害发生，有碍玫瑰根蘖的生长，一定用锄除尽灌丛间的杂草。

除草的时候，靠近花丛根部的地方，需要轻锄浅锄，距离花丛比较远的地方，可以深锄。玫瑰花的枝条上攀生着藤本杂草时，应该连根挖掉，以免影响玫瑰的生长。除草最好是在晴天土壤干燥的情况下进行，要经常保持玫瑰园内没有杂草，这样才利于玫瑰花的生长发育。

2. 灌溉排水

在一年中，水分管理要根据根的生长特点进行。在早春由于气温低，养分分解慢，根系处于刚恢复生长的阶段，如果天气干旱，要及时灌水，促使根系活跃，吸收土壤中的养分，新种花苗容易成活。春夏季大雨后园地积水要及时排除，防止玫瑰烂根。

3. 修剪

为了促使玫瑰花丛生长旺盛、发育良好、花色鲜艳、出油率高，必须进行适当的修剪。因为就单植株来说，开花能力与株丛年龄有直接关系，1年生开花较少，2～3年间逐渐增多，4～5年可达高峰，6～7年后产量逐渐减少，而且出现枯枝，花的质量降低。因此，及时进行更新复壮修剪，在修剪上应该重剪短截为主，疏除4年生以上枝条及细弱枝、病虫枝，打开内膛光路，防止枝条下部光秃，以促进植株基部多发新枝。

4. 合理施肥

玫瑰在生长发育的过程中，它的根部不断的从土壤中吸收大量的养料。施用氮肥对玫瑰有明显的增产作用。除了越冬肥料中需要有足够的氮肥外，春季发芽、新枝生长和开花前都必须及时追施氮肥。氮肥供应充足，玫瑰枝叶茂盛，生长正常。如果钾肥不足时，枝条容易倒伏。所以施越冬肥料时，除施氮肥外，还要结合施入磷钾肥。

五、病虫害防治

防止病虫害是保证玫瑰获得丰收的重要措施之一。防治病虫害必须及时，否则病虫害蔓延扩大，不仅增加防治的困难，而且造成严重的经济损失。

1. 病毒病

病原物属于非细胞形态的专性寄生物。

（1）识别特征　发病时造成玫瑰的枝叶萎缩，叶片硬化发翠，有的枝条扁平肥厚变成畸形。

（2）防治技术　①及时清除杂草及菟丝子。②发现病株及时拔除并焚烧。③防治虫害，防止刺吸式口器的害虫，尤其是蚜虫的发生和蔓延。④必要时采用药物防治。

2. 白纹羽病

病原物属于真菌中子囊菌的一种病菌。

（1）识别特征　发病初期玫瑰落叶较多，后来仅剩新梢上的少数叶片，不久整株花丛枯萎死亡。枯死后的根部表面，可以看到白色羽毛状的菌丝。病菌孢子可以长期生存在土壤中继续危害玫瑰的根部。

（2）防治技术　①加强管理，发病后立即把病株挖除进行烧毁，并及时清沟排水，降低地下水位，多施有机肥料和速效肥料，促使玫瑰早日萌发新芽，增强植株对病害的抵抗能力。②必要时采用药物防治。

3. 白粉病

病原物*Sphaerotheca pannosa*（Wallr.）Lev.是真菌中子囊菌的一种病菌。在发病后期，病部白色粉状霉层中长出小黑点。

（1）识别特征　叶片、嫩梢、花蕾等部位均可受害。发病初期，在微叶正反两面覆盖一层白色粉状霉层，后变为浅灰色。叶片卷曲，有时叶片变成紫红色，以后叶片逐渐脱落，病情轻微的影响玫瑰生长和发育，病情严重的玫瑰整株落叶乃至死亡。

（2）防治技术　①加强管理，烧毁带病的枝条和叶片。②及时剪除玫瑰过密的枝条，使玫瑰通风透光良好，减少病菌发生和传染的机会。③种植优良品种，选择抗白粉病的玫瑰品种，可避免病害。④必要时采用药物防治。

4. 玫瑰锈病

病原物*Phragmidium rosaerugosae* Kasai属于担子菌亚门，冬孢菌纲，锈菌木，柄锈菌科，多胞锈菌属。病叶正面生的性孢子器不显著，背面橘红色粉末即病菌的锈孢子堆。

（1）识别特征　危害嫩枝、叶片、花。以叶和芽上的症状最明显。发病期间，被害叶片正面出现黄色小点，此为病菌的性孢子器。叶片背面出现黄色的小斑，外围有褪色晕环，逐渐突破下表皮产生橘红色粉末，此为锈孢子堆。嫩枝的病斑略重大。玫瑰被病菌浸染后，枝叶瘦黄，生长不良，第二年很少开花，并且枝条萌发也受影响。

（2）防治技术　①加强管理，收花以后，进行玫瑰修剪的同时把病枝和病叶剪除烧毁。②春夏季，如果发现玫瑰锈病的锈孢子，应该及时摘除并且烧毁，防止病菌蔓延扩大和重复浸染。同时，重视肥水和田间管理，增强玫瑰的抗病能力。③合理密植，适当施氮、磷、钾混合肥。④必要时采用药物防治。

5. 玫瑰根癌病

根癌病亦称冠瘿病、瘿瘤病、肿瘤病，是玫瑰、月季上发生较普遍的一种病害，广东、浙江、江苏等省有分布。发病后，植株生长衰弱且明显矮化。

（1）识别特征　根癌病主要危害植株地表根茎部位，有时也可危害枝条和地下细根。患病部位表面产生疣状突起小瘤，初为白色，后变为淡褐色，粗糙不平，大小不等。内部组织呈灰白色，柔软或作海绵状。随后病瘤木质化并逐渐增大，表面渐由淡褐色变为暗褐色，表面粗糙，质地变硬，木质化，并出现龟裂。病株枝短叶小，叶片失绿黄化，植株发育不良和明显矮化。

（2）防治技术　①加强检疫，禁止调运病株，发现病株及时烧毁。②改进栽培技术，在繁殖时以芽接代替劈接。③选择无病菌污染的土壤育苗和栽植，不用种过蔷薇科植物的土地作苗圃等。④发现病瘤应立即消除。⑤必要时采用药物防治。

6. 玫瑰枝枯病

枝枯病亦称茎溃疡病，广东、浙江、江苏等省均有分布，发病严重时造成枝条枯死，甚至全株死亡。

（1）识别特征　病菌多在修剪枝条伤口附近或嫁接处侵入，特别是切口离腋芽太远，而留下的残余枝条更易发病。初期，在枝条上产生紫色小斑，后中部变灰白色，边缘有1紫红色圈，病斑稍隆起或开裂。发病严重时，病斑迅速环绕枝条，致使枝条枯死。枯枝变成黑褐色，并会延续向下蔓延。病部与健部交界处稍下陷。后期，在病部表面散生黑色小点，这是病菌的分生孢子器。

（2）防治技术　①合理修剪，定期修剪茎枝，尤其是台风雨后的伤折枝，应及时剪除，集中烧毁。修剪时，切口尽量靠近腋芽处。②大的茎枝剪口要用1%硫酸铜或1%抗菌剂402液消毒，再涂波尔多浆（1：1：15）保护伤口。③加强栽培管理，雨后应做好排水工作，防止田间积水，夏季干旱季节，应及时灌溉防旱，土壤瘠薄地区，应增施肥料，促使生长健壮，提高抗病力。④必要时采用药物防治。

7. 玫瑰叶斑病

玫瑰叶斑病主要有褐斑病、灰斑病还有黑斑病。

（1）识别特征　①褐斑病：叶片上病斑散生，近圆形或不规则形，直径1～4毫米，紫褐色或红褐色，中心淡褐色，黄褐色甚至灰色，在叶正面产生淡黑色霉层或黑色小点。前者为分生孢子梗及分生孢子，后者为子囊壳。叶背病斑一般不明显。②灰斑病：叶片上病斑散生，不规则形，较大，多发生于叶缘，暗褐色，有时中部变成灰褐色而边缘红色，两面均产生淡黑色霉斑。③黑斑病：初期叶片上产生褐色小点，后来扩大成黑褐色或紫褐色的圆形斑点，直径0.6厘米左右，边缘有灰白色放射状的菌丝体，圆斑里面密生许多黑点，这就是分生孢子器和分生孢子。孢子器成熟后放出分生孢子，随风飞扬，再行侵染。这种病菌破坏叶组织，造成玫瑰早期落叶，严重影响第二年玫瑰花的产量。

（2）防治技术　①消除病原，搞好清理工作，及时清楚带病落叶，冬季收集地面落叶，发病初期及时摘除病叶，集中烧毁或埋于土壤深处，以减少病害侵染来源，可以有效地控制病情扩展。②加强管理，重视肥水等田间管理，合理施肥，适度修剪，通风透光，以提高玫瑰本身的抗病能力。③必要时采用药物防治。

六、采收加工

（一）采收

1. 药用玫瑰花采收

药用玫瑰花应于5月盛花期前，选晴天采摘已充分膨大但尚未开放的花蕾。采收的标准是玫瑰的花萼张开，花苞刚露红，顶部略松，形状好像毛笔的笔尖，所以又叫笔尖花。收花时如果天气晴朗，气温比较高，花萼张开就可以采收，以上午和傍晚采收的最好。采收的鲜花必须放在通风的箩筐里，箩筐用竹篾或铁丝编成，盛花时不要压得太紧，要及时送往加工厂浸放在盐水缸里。如果鲜花积压的时间过长，热量增加、温度上升，对香气和出油率会有很大的影响。变质的鲜花，烘干后的成品颜色差，而且花瓣容易脱落。

维吾尔医用药采收玫瑰花盛开的花瓣，鲜花采收后应及时送往药厂加工或放通风处晾干。

2. 精油用花采收

精油用的鲜花采摘时间与含油率的高低有直接的关系。上午5～9时采收的鲜花颜色好，香气纯，花朵也比较重，含油率高达0.034%～0.04%。以盛花期（花朵开放程度为50%～70%）含油量最高，为0.042%。

一般而言采收标准是玫瑰花蕊刚露，花形呈杯状时开始采收，到花朵全部开放为止。花的雄蕊颜色鲜黄时最好，采摘的玫瑰花（蕾），应立即送往加工地点。运输过程要使用合适的盛器和装载工具，盛器要通风，以花篮、麻袋、布袋为好，自然装满不要挤压。

（二）产地加工

药用玫瑰花的干燥方法：药用玫瑰花系采用未开或少半开的花蕾或盛开的花瓣，采后晾干或用文火烘干。烘干时将花摊薄，花冠向下，使其最先干燥，烘干后再反转迅速烘至全干。一般以身干、色红鲜艳、朵均匀、香味浓郁、无散瓣和碎瓣者为佳。或采后装入纸袋，贮于石灰缸内，封存。花瓣以完整、不变色为佳。

七、药典标准

1. 药材性状

（1）干燥花　略成半球形或不规则团块，直径1.5～3厘米，花瓣密集，短而圆，色紫红而鲜艳。中央为黄色花蕊，下部有绿色花萼，其先端分裂为5片，下端膨大呈球形的花托，质轻而脆。气芳香浓郁，味微苦。

（2）花蕾　略呈球形，卵形或不规则团块状，直径1～2.5厘米。花托近球形或半球形，基部钝圆，与花萼基部合生，无梗或具短梗，被茸毛。萼片5，披针形，黄绿色至棕绿色，伸展或向外反卷，被有细柔毛，中脉凸起。花瓣5或有重瓣，常皱缩，展平后宽卵圆形，覆瓦状排列，紫红色，少数黄棕色。（图2）

图2　玫瑰花药材图

药用玫瑰花以花蕾大、完整、瓣厚、色紫红、不露蕊、芳香气浓郁者为佳。

2. 显微鉴别

（1）萼片表面　非腺毛较密，单细胞，多弯曲，长136～680微米，壁厚，木化。腺毛头部多细胞，扁球形，直径64～180微米，柄部多细胞，多列性，长50～340微米，基部有时可见单细胞分枝。

（2）粉末特征　粉末呈淡棕色，非腺毛单细胞，多弯曲，长136～680微米，壁厚，木化。腺毛头部多细胞，扁球形，直径64～180微米，柄部多列性，长50～340微米。草酸钙簇晶直径9～25微米，棱角较短尖或钝，偏光显微镜下呈亮橙黄色。花粉粒呈三角形或椭圆形，表面具条状雕纹。

3. 检查

（1）水分　不得过12.0%。

（2）总灰分　不得过7.0%。

4. 浸出物

用20%乙醇作溶剂，乙醇浸出物的量不得少于28.0%。

八、仓储运输

1. 仓储

按商品要求规格用箱装，须防压，包装应挂标签，标明品名、重量、规格、产地、批号和商标等内容。玫瑰花及其加工品应密封，存放于阴凉干燥处，注意防潮、防虫，长期贮存特别要注意防虫。

2. 运输

需要防止受潮、串味，防止与有毒、有害物质混装。

九、药材规格等级

根据花朵大小及完整度分为一等、二等及统货。

一等：花瓣紫色，大小均匀，直径0.7～1.0厘米，有残留花梗≤3%，完整的花蕾≥80%，杂质≤1.5%，气芳香浓郁。

二等：花瓣紫红色，大小较均匀，直径1.0～1.5厘米，有残留花梗≤5%，完整的花蕾≥70%，杂质≤2%，气芳香略淡。

统货：颜色、完整花蕾比例、花开放程度、残留花梗和杂质率未分等级。

十、药用食用价值

玫瑰有着丰富的文化内涵和实用价值，除了用于观赏外，还有重要的药用、食用和日化工业等方面的开发利用价值。据现代研究表明，玫瑰花具有显著的抗氧化、抑菌、抗病毒作用，可调节血脂、降血糖，具有营养心肌、增加心肌血流量等作用。此外，玫瑰花含有丰富的挥发油、多糖、多酚类和黄酮类物质，还含有亚油酸、生物碱、维生素、氨基酸、糖、蛋白质、膳食纤维和微量元素等，具有很高的营养价值，可用于泡茶或制作花酱等。

本品为菊科植物驱虫斑鸠菊*Vernonia anthelmintica*（L.）Willd的干燥成熟果实。

一、植物特征

一年生高大草本。茎直立，粗壮，上部多分枝，具明显的槽沟，被腺状柔毛，叶膜质，卵形，卵状披针形或披针形，顶端尖或渐尖，基部渐狭成长1厘米的叶柄，边缘具粗或锐锯齿，侧脉8对或更多，细脉细而密，网状，两面被短柔毛，在下面脉上毛较密，有腺点。头状花序较多数，较大，在茎和枝端排列成疏伞房状；花序梗常具线形的苞片，顶端稍增粗，被密短柔毛及腺点；总苞半球形，总苞片约3层，近等长，外层线形，稍开展，绿色，叶质，外面被短柔毛和腺点，中层长圆状线，顶端尖，上部常缩狭，绿色，叶质，内层长圆形，从基部向顶端渐膜质，顶端尖；总苞片在结果后全部反折，花托平或稍凹，有蜂窝状突起。小花约40～50个，淡紫色，全部结实，花冠管状，管部细长，檐部狭钟状，有5个披针形裂片。瘦果近圆柱形，基部缩狭，黑色，具10条纵肋，被微毛，肋间有褐色腺点；冠毛2层，淡红色，外层极短，近膜片状，宿存，内层糙毛状，短于瘦果的2倍，易脱落。花期7～9月，果期8～10月。（图1）

图1　驱虫斑鸠菊

二、资源分布概况

驱虫斑鸠菊分布于云南西部。国外仅见于南亚的印度、巴基斯坦、斯里兰卡、尼泊尔、阿富汗、缅甸、老挝、马来西亚等地。驱虫斑鸠菊生长在干旱、半干旱的沙土和壤土，生于宅旁荒地或路旁，近年来新疆有引种栽培。

三、生长习性

驱虫斑鸠菊具有喜光、较耐旱、耐热、耐盐碱的特性。喜光照充足，忌潮湿阴冷的环境，较耐旱，对土壤要求不严，但以疏松不过于黏重的微碱性土为宜，适合降雨量较少、积温充足的生态环境。

四、栽培技术

宜选择阳光充足、土层深厚、平整具有灌溉和排水条件的沙土或壤土。

（一）整地施肥

选地后，春耕前可根据土壤肥力条件，适当施用有机肥翻埋入土，耕地前应灌足春水，保证土壤墒情；春耕深度要一致，地表有植株残茬时，也应翻埋入土。耕后整地。保证土地平整，防止灌溉积水。

（二）选种播种

驱虫斑鸠菊种子瘦果长圆锥形，末端尖，果表有10条纵棱，灰绿色至深绿色，被微毛，顶端具淡褐色冠毛，冠毛羽状。千粒重4.7～5克。

1. 选种

选择花序头大，饱满驱虫斑鸠菊花序剪下，集中晒干，搓下种子，簸去杂质，装布袋内，贮存于干燥冷凉处，新采收的种子不发芽，需贮存一年以后才能发芽，可保存2～3年。

2. 播种

种子发芽适温为20～25℃，一般于每年4月份播种，采用条播方式，按行距40～45厘米开沟深3～4厘米，将种子均匀撒入沟内，覆土压实，并浇水，播后约10天出苗。

（三）田间管理

1. 定苗间苗

驱虫斑鸠菊种植当年，在苗出齐后进行间苗，当苗高5～7厘米时定苗，即按株距15厘米左右留壮苗1株。结合间苗及时进行松土除草，干旱时要注意浇水。禁止使用化学除草剂，以农业措施为主，及时人工除草。

2. 灌溉

适时适量灌溉是保障驱虫斑鸠菊质量和产量的关键。具体灌溉应视土壤墒情及土壤理化性质而定。驱虫斑鸠菊的种植一般采用干播湿出，播种后即可灌水或滴水，确保出苗期土壤湿润。驱虫斑鸠菊全生育期浇水量可根据天气情况、旱情适时适量的灌水，忌积水。

3. 施肥

驱虫斑鸠菊作为药材栽培，可在每年的翻地整地时施足基肥，少施氮肥，选用有机肥为佳，驱虫斑鸠菊全生育期需肥量少，可在驱虫斑鸠菊苗前施用适当磷肥、开花结果前随水施钾肥，保花保果。

五、病虫害防治

驱虫斑鸠菊的病虫害较少，幼苗期主要以蚜虫、叶螨为主，发现早期采用生物防治方法进行防治。

六、采收加工

驱虫斑鸠菊8月种子开始成熟，应分批采收，随熟随采，否则花序松散，种子易飞散。采种时，应选花序头大，饱满的花序。集中晒干，搓下种子，簸去杂质，装布袋内，贮存于干燥冷凉处，新采收的种子不发芽，需贮存一年以后才能发芽，可保存2～3年。

七、地方标准

1. 药材性状

以瘦果入药，本品呈倒圆锥形或圆柱形，长约5毫米。表面呈棕绿色或墨绿色，具10条纵向突起棱肋，用放大镜观察可见棱肋处有非腺毛，其肋间凹陷处有腺毛。顶端平截，下端稍细。被微毛，顶端具淡褐色冠毛，冠毛羽状。（图2）

图2　驱虫斑鸠菊药材图

2. 显微鉴别

（1）横切面　外果皮细胞1列，在棱脊处可见棕色单细胞和叉状非腺毛，在肋间凹陷处有棕黄色卵形或乳头状单细胞腺毛。中果皮细胞多层，棱脊处中央有维管束，木质部内侧有石细胞群和纤维群散在，最内侧有石细胞带，从棱脊一直延伸与另一棱脊石细胞带相连，在每个棱脊处断开，呈V字形。薄壁细胞中含众多草酸钙方晶和柱晶。内果皮细胞黄棕色。种皮细胞2层，黄棕色。胚乳不发达，为2～3层薄壁细胞，中央有子叶2枚，子叶为长圆形，外侧有1层方形细胞，内有长方形细胞，其间有维管束。

（2）粉末特征　粉末棕黄色。石细胞为类圆形、椭圆形或纺锤形，成群或单个散在，棕黄色，细胞壁厚，直径20～35微米，长120微米，孔沟明显。腺毛为单细胞卵形，长23～25微米。非腺毛单一或呈叉状，长达160微米。螺纹导管直径15～25微米。果皮细胞含有方晶和柱晶。种皮细胞黄棕色，细胞壁形状特异，呈网纹状。胚乳细胞多角形，内含众多油滴。

八、仓储运输

1. 仓储

按商品要求包装成袋，包装标明品名、重量、规格、产地、批号和商标等内容。应放置在阴凉、干燥处，注意防潮。

2. 运输

运输时应密封、避光，保持干燥，禁止与其他有害物质混装。

九、药材规格等级

统货。

十、药用食用价值

驱虫斑鸠菊成熟果实有清除异常黏液质、驱虫、消肿等作用。现代研究表明，驱虫斑鸠菊临床中主要用于治疗白癜风，此外驱虫斑鸠菊种子中所含斑鸠菊大苦素、斑鸠菊醇对白血病细胞的增殖有一定抑制作用，驱虫斑鸠菊的提取物对乳腺癌细胞的增殖有抑制作用。全草用以驱蛔虫，并有消炎作用。

rou cong rong
肉苁蓉

本品为列当科植物肉苁蓉*Cistanche deserticola* Ma、管花肉苁蓉*Cistanche tubulosa*（Schenk）Wight.的干燥根及根茎。

一、植物特征

1. 肉苁蓉

寄生于梭梭根部草本植物。茎不分枝或自基部分2～4枝，下部粗，向上渐变细。叶宽卵形或三角状卵形，生于茎下部的较密，上部的较稀疏并变狭，披针形或狭披针形，两面无毛。花序穗状，花序下半部或全部苞片较长，与花冠等长或稍长，卵状披针形、披针形或线状披针形，连同小苞片和花冠裂片外面及边缘疏被柔毛或近无毛；小苞片2枚，卵状披针形或披针形，与花萼等长或稍长。花萼钟状，顶端5浅裂，裂片近圆形。花冠筒状钟形，顶端5裂，裂片近半圆形，边缘常稍外卷，颜色有变异，淡黄白色或淡紫色，干后常变棕褐色。雄蕊4枚，花丝着生于距筒基部，基部被皱曲长柔毛，花药长卵形，密被长柔毛，基部有骤尖头。子房椭圆形，基部有蜜腺，花柱比雄蕊稍长，无毛，柱头近球形。蒴果卵球形，顶端常具宿存的花柱，2瓣开裂。种子椭圆形或近卵形，外面网状，有光泽。花期5～6月，果期6～8月。（图1）

图1　肉苁蓉

2. 管花肉苁蓉

多年生寄生草本植物。茎不分枝。叶乳白色，干后变褐色，三角形，生于茎上部的渐狭为三角状披针形或披针形。穗状花序；苞片长圆状披针形或卵状披针形，边缘被柔毛，两面无毛；小苞片2枚，线状披针形或匙形，近无毛。花萼筒状，顶端5裂至近中部，裂片与花冠筒部一样，乳白色，干后变黄白色，近等大，长卵状三角形或披针形。花冠筒状漏斗形，顶端5裂，裂片在花蕾时带紫色，干后变棕褐色，近等大，近圆形，两面无毛。雄蕊4枚，基部膨大并密被黄白色长柔毛，花药卵形，密被黄白色长柔毛，基部钝圆，不具小尖头。子房长卵形，柱头扁圆球形，2浅裂。蒴果长圆形。种子多数，近圆形，干后变黑褐色，外面网状。花期5～6月，果期7～8月。（图2）

图2　管花肉苁蓉

二、资源分布情况

肉苁蓉：生于有梭梭分布的荒漠地区，寄生于梭梭*Haloxylon ammodendron*（C. A. Mey.）Bunge的根部。自然分布于内蒙古西部（阿拉善盟、巴彦淖尔市）、甘肃（民勤、金昌、酒泉、金塔）以及新疆北部地区。目前已在内蒙古（阿拉善盟、巴彦淖尔市）、新疆（且末、和田、吐鲁番）、甘肃（民勤）、宁夏（永宁）等地大规模种植。

管花肉苁蓉：生于有柽柳属（Tamarix）植物分布的荒漠地区，寄生于柽柳属植物的根部。自然分布于新疆南疆地区的塔克拉玛干沙漠及周边地区。目前已在新疆和田地区和阿克苏地区大规模种植。

三、生长习性

肉苁蓉自然分布于我国西北干旱荒漠区，适宜生长在通气性、渗水性良好的沙质土壤里，土壤pH为7.5～9，最适宜温度为10～25℃。作为寄生植物，肉苁蓉的水分来源主要是通过寄主梭梭获得，它本身在土壤含水量为1.7%～3%的环境中仍能正常生长发育。为提高产量，要保证寄主梭梭生长发育的需水量，土壤湿度应保持在3%～15%，最适宜肉苁蓉的生长发育。

管花肉苁蓉多生长于海拔800～1400米的砾石戈壁、沙丘边缘及沙漠地区中的柽柳林中，寄生在柽柳根部，在我国其自然分布仅限于塔克拉玛干沙漠周围地区。地理信息系统分析和管花肉苁蓉的有效成分分析表明，新疆南疆的塔克拉玛干沙漠及其周围地区均适合种植管花肉苁蓉，但以和田地区和巴州的且末县为最适宜种植区。

四、栽培技术

（一）选地与整地

1. 土壤

肉苁蓉对土壤的适应性范围较宽，在通透性、渗水性良好的沙质壤土中生长，产品质量好、产量高。宜选择在地势平坦，风沙危害较小，有一定灌溉条件，地下水位3～8米，土壤pH为8.0～9.0的沙质壤土地中进行人工种植。高盐碱、低洼积水、黏重土壤的土地均不适宜种植。

2. 整地

为带状整地，一般采取开沟造林，按照沟宽2米、沟距2米的模式规划，沟深距地面30厘米。沟内栽植红柳两行，株行距分别为1米，进行交叉定植。红柳与埂间距0.5米。

3. 灌溉用水

符合GB 5084—92《农田灌溉水质量标准》的要求。

（二）栽培

1. 肉苁蓉的接种法

人工繁育肉苁蓉就目前常用的方法为种子纸接种法，一般一株摆放一张种子纸。根据红柳的实际生长情况可采用后期接种法、机械接种法两种方法。

（1）后期接种法　红柳定植1～2年后，再进行人工接种。接种时，在1米×1米窄行的红柳植株两侧接种，接种位距红柳基部30厘米，深度为70厘米。种子纸放在外侧坑底部，种子纸正面（有卫生纸那面）朝上，呈45°斜放（下面垫土壤），回填土埋实即可。

（2）机械接种法　在定植红柳两侧，利用管花肉苁蓉接种机，采取机械开沟（深70～80厘米）和下种同步进行的接种方法接种。此方法特点：一是接种效率高；二是接种周期短。适合规模化栽培模式。

2. 接种时间

接种时间为每年的3～11月份均可进行，春季的3～4月份红柳定植季节进行较为适宜。秋季在采挖时随即接种。

3. 接种量

肉苁蓉种子很小，接种量15～20克/亩。

（三）田间管理

1. 灌水

接种完毕后，要立刻浇水，并要灌透。接种的头一年，从3月中旬至8月中旬4个月内最好每一个月内浇一次水。八月底后应停止浇水。第二年春季土壤解冻后4月中下旬浇水一次，到6月、8月各浇水一次，以后每年同法或根据天气状况适时增减灌水次数。

2. 施肥

可适当施加一些有机肥或复合肥。

3. 除草

及时清除田间的杂草，特别是一些芦苇等顽固草。建议用“草甘膦”等化学药剂平茬后涂抹的防治方法清除。

五、病虫害防治

病虫害防治要坚持“以防为主，综合防治”的方针，以人工、生物防治为主，化学防治为辅。严格检疫制度，加强营林措施，促进寄主红柳的生长，提高寄主红柳本身抗病虫的能力；采取有效措施保护天敌，保持生态平衡；发现病虫鼠害，要选用低毒、高效、低残留的农药防治，以保证人畜安全，防止环境污染。

六、采收加工

1. 采收

（1）采收时间　为春季或秋季。春季采收的称为“春苁蓉”或“春大芸”，秋季采收的称为“秋苁蓉”或“秋大芸”。传统采收时间与其生长特性有关。栽培肉苁蓉的最佳采收时间为春季的3月下旬至4 月上旬、秋季的10月下旬至11月上旬土层上冻前进行采收。

（2）采收工具　铁锨、砍土镘、小铲、瓷质小刀。

（3）采收方法　从接种区外侧40～50厘米处（距寄主植物基杆部0.9～1米）向接种区剖挖。先用砍土镘（挖上层土）和铁锨（深挖）挖一个长度50厘米、宽度20～30厘米、深度60厘米的坑，再用小铲逐步向接种区缓挖。等挖到肉苁蓉肉质茎时，用手轻剖，先找到寄生点（即芦头），取走接种点上方以及四周（不包括下方）方圆直径50厘米的土。取土的过程中可及时采收10厘米以上的肉苁蓉。在采收时避免碰伤芦头及寄主植物根与芦头的寄生结合处。采收完符合规格的肉苁蓉肉质茎后，用土回填踏实即可。

2. 加工

（1）初加工　肉苁蓉传统的加工方法为采挖后，除去泥沙，整枝晒干，或切成约40厘米的长段晒干。即将分级处理好的鲜肉苁蓉，抖动除去泥沙，摆放在沙地上或木架上，在阳光下晒干或晾干即可。

（2）晾晒　将处理过的肉苁蓉摆放在远离地面的木架上或竹筛网上，每一层架子间距不得少于50厘米，在晾晒过程中及时翻动。春季肉苁蓉从采收到晾干需要10～15天，秋季需要20～30天，若是秋末采收的则要采取烘干措施。

（3）切片加工　在干净整洁、与生活区严格分开、防止生活污染的场地，将采收的新鲜肉苁蓉，用水洗净后，用瓷质刀片切片机切成0.8～1.0厘米的薄片，均匀地摆在凉席，放入晾房，晾干。

3. 留种与采种

肉苁蓉是多年生草本植物，接种的第2年或第3年，开花后，在肉苁蓉种植园内采收植株的种子。采收时间7～8月份，及时剪下果穗，于通风处，摊晾至干，脱粒，除去杂质。肉苁蓉种子的贮藏：应置于布袋中存放，置阴凉、干燥、通风处保管，防止受潮。一般条件下管花肉苁蓉种子保存时间不超过2年。

七、药典标准

1. 外观性状

肉苁蓉：肉苁蓉呈扁圆柱形。稍弯曲，长3～15厘米，直径2～8厘米。表面棕褐色或灰棕色，密被覆瓦状排列的肉质鳞叶，通常鳞叶先端已断。体重，质硬，唯有柔性，不易折断，断面棕褐色，有淡棕色点状维管束，排列成波状环纹。气微，味甜、微苦。（图3a）

管花肉苁蓉：新鲜肉苁蓉肉质鲜嫩，皮色为白色至棕褐色，呈纺锤形，表面密披鲜片，无霉变、腐烂。干管花肉苁蓉呈类纺锤形、扁纺锤形或扁柱形，稍弯曲，肉质呈深褐色、皮色为棕褐色，散生点状维管束。表面密披鳞片，肉厚，质硬，有油质感，无霉变、腐烂。（图3b）

图3　肉苁蓉药材图

a. 肉苁蓉；b. 管花肉苁蓉

2. 显微鉴别

（1）肉苁蓉茎横切面　表皮为1列方形、类长方形、类椭圆形细胞组成，外被角质层，茎上部表皮均为类方形细胞。皮层由数十层类圆形、类椭圆形、类多边形薄壁细胞组成，外侧10多层细胞内含浅黄棕色色素；有叶迹维管束散在。中柱维管束外韧型，排列成深波状的环，横切面每一个维管束呈菱形或倒卵形。初生韧皮部外侧由纤维和厚壁细胞组成维管束鞘，向外侧束鞘逐渐变窄，而成尾状延伸。韧皮部由薄壁细胞和少数韧皮纤维组成。形成层不明显。木质部由导管木薄壁细胞和少数木纤维组成；导管主为网纹、孔纹和螺纹导管，少具缘纹孔和梯纹导管，均木化，网纹导管分子短粗径，末端平截或略斜。从基部向上部螺纹导管分子长度增加；木薄壁细胞壁微增厚，纹孔单斜或交叉排列。髓射线明显，髓较大，随维管束的排列而呈星状。维管束鞘纤维、韧皮纤维和木纤维区别不明显，维管束和束鞘周围的薄壁细胞略增厚，孔纹导管易见。皮层和髓部薄壁细胞中含有大量的淀粉粒；鳞叶表面气孔易见。

（2）管花肉苁蓉茎横切面　表皮为1列扁平类长方形、类椭圆形薄壁细胞组成，外被角质层。后生皮层由十多列类圆形细胞组成，壁木栓化，外侧挤压破裂。皮层狭窄。中柱维管束散生，外韧型。韧皮部由薄壁细胞组成，茎上部有少量纤维。无纹孔和孔沟。木质部由导管和木薄壁细胞组成，导管主为网纹和具缘纹孔导管，少螺纹和孔纹导管。茎上韧皮部外侧和木质部内侧孔纹细胞易见，茎中下部木质部内侧孔纹细胞类圆形，壁略增厚，纹孔、孔沟明显。皮层和中柱基本组织中含有大量淀粉粒，脐点星状、人字形、一字形、裂缝状，层纹不明显。

3. 检查

（1）水分　不得过10.0%。

（2）总灰分　不得过8.0%。

4. 浸出物

用稀乙醇作溶剂，肉苁蓉醇溶性冷浸出物不得少于35.0%，管花肉苁蓉醇溶性冷浸出物不得少于25.0%。

八、仓储运输

1. 仓储

干燥切片，拣选，清除杂质，装入标准的纸箱，打包。纸板箱规格要统一，装箱重量要一致，每件包装箱贴上标签。包括: 品名、规格、毛重、净重、产地、批号、生产日期、生产单位，并附质量合格的标志。肉苁蓉药材含糖量高，易于吸潮、霉变、变色、虫蛀，尤其在夏季，因此，必须贮藏于通风干燥的环境中。一般库房采用架式结构，将包装好的药材放在架上，利于通风。需要注意: 肉苁蓉容易被老鼠和蟑螂等动物啃食，可以在库房的四角放置捕鼠和蟑螂的器材，但不得用毒药防治，以免污染药材；肉苁蓉药材也易生虫（蛾类），可用沙布包花椒，放入包装物内防止生虫，但绝不得用硫黄熏蒸。

2. 运输

需要防止受潮，防止与有毒、有害物质混装。

九、药材规格等级

根据不同的基原，肉苁蓉药材分“肉苁蓉”和“管花肉苁蓉”两个规格。根据肉质茎长度、直径，肉苁蓉选货规格分为“一等”和“二等”两个等级，其他均为统货。

肉苁蓉: 一等为色泽均匀，质地柔韧，肉质肥厚，肉质茎长度在25厘米以上，中部直径3.5厘米以上，每1千克5根以内，无枯心，无干梢、杂质、虫蛀、霉变；二等为质地坚硬，略有柔性，肉质茎长度在15 ～25厘米，中部直径2.5厘米以上，每1千克5～10根，去净芦头，枯心不超过10%，无干梢、杂质、虫蛀、霉变。

管花肉苁蓉: 一等为肉质茎长度在15～25厘米，中部直径6～9厘米以上，每1千克5根以内，无枯心，无干梢、杂质、虫蛀、霉变；二等为肉质茎长度在10～15厘米，中部直径2.5～5厘米，每1千克5～10根，枯心不超过10%，无干梢、杂质、虫蛀、霉变。

十、药用食用价值

肉苁蓉作为常用中药材，具有很高的药用和保健价值，可以药食两用。肉苁蓉和管花肉苁蓉所含成分基本相同，但肉苁蓉甘露醇、寡糖类和甜菜碱等成分含量较高，临床多用于通便等；而管花肉苁蓉中苯乙醇总苷含量较高，临床多用于补肾、抗衰老、抗老年痴呆和帕金森病等。

沙枣

sha zao

本品为胡颓子科植物沙枣*Elaeagnus angustifolia* L.、东方沙枣*E.angustifolia* var. *orientalis* L. Kuntze和尖果沙枣*E.oxycarpa* Schlecht.的成熟果实。

一、植物特征

1. 沙枣

落叶乔木或小乔木，无刺或具刺，棕红色，发亮；幼枝密被银白色鳞片，老枝鳞片脱落，红棕色，光亮。叶薄纸质，矩圆状披针形至线状披针形，顶端钝尖或钝形，基部楔形，全缘，上面幼时具银白色圆形鳞片，成熟后部分脱落，带绿色，下面灰白色，密被白色鳞片，有光泽，侧脉不甚明显；叶柄纤细，银白色。花银白色，直立或近直立，密被银白色鳞片，芳香，常1～3花簇生新枝基部最初5～6片叶的叶腋；花梗长2～3毫米；萼筒钟形，在裂片下面不收缩或微收缩，在子房上骤收缩，裂片宽卵形或卵状矩圆形，顶端钝渐尖，内面被白色星状柔毛；雄蕊几无花丝，花药淡黄色，矩圆形；花柱直立，无毛，上端甚弯曲；花盘明显，圆锥形，包围花柱的基部，无毛。果实椭圆形，粉红色，密被银白色鳞片；果肉乳白色，粉质；果梗短，粗壮。花期5～6月，果期9月。（图1）

图1　沙枣

2. 东方沙枣

与原变种的主要区别在于本变种花枝下部的叶片阔椭圆形，两端钝形或顶端圆形，上部的叶片披针形或椭圆形；花盘无毛或有时微被小柔毛；果实大，阔椭圆形，栗红色或黄色。

3. 尖果沙枣

落叶乔木或小乔木，具细长的刺；幼枝密被银白色鳞片，老枝鳞片脱落，圆柱形，红褐色。叶纸质，窄矩圆形至线状披针形，顶端钝尖或短渐尖，基部楔形或近圆形，边缘浅波状，微反卷，上面灰绿色，下面银白色，两面均密被银白色鳞片，中脉在上面微凹下，侧脉7～9对，两面不甚明显；叶柄纤细，上面有浅沟，密被白色鳞片。花白色，略带黄色，常1～3花簇生于新枝下部叶腋；萼筒漏斗形或钟形，喉部在子房上骤收缩，裂片长卵形，顶端短渐尖，内面黄色，疏生白色星状柔毛；雄蕊4，花丝淡白色，花药长椭圆形；花柱圆柱形，顶端弯曲近环形；花盘发达，长圆锥形，顶端有白色柔毛。果实球形或近椭圆形，乳黄色至橙黄色，具白色鳞片；果肉粉质，味甜；果核骨质，椭圆形，具8条较宽的淡褐色平肋纹；果梗长3～6毫米，密被银白色鳞片。花期5～6月，果期9～10月。

二、资源分布概况

沙枣：沙枣常生于我国内蒙古、甘肃、新疆等北方地区的沙漠边缘或戈壁滩上，是我国特有的野生耐干旱植物，生命力极强，也是一种具有多种用途的植物资源。本种适应力强，山地、平原、沙滩、荒漠均能生长，对土壤、气温、湿度要求不甚严格。

东方沙枣：生于海拔300～1500米的荒坡、沙漠潮湿地方和田边。主产于新疆、甘肃、宁夏、内蒙古。

尖果沙枣：生于海拔400～660米的戈壁沙滩或沙丘的低洼潮湿地区和田边、路旁。主产于新疆、甘肃。

三、生长习性

沙枣为落叶乔木，它的生命力很强，具有抗旱、抗风沙、耐盐碱、耐贫瘠等特点。沙枣对热量条件要求较高，在≥10℃积温3000℃以上地区生长发育良好，积温低于2500℃

时，结实较少。沙枣具有耐盐碱的能力，但随盐分种类不同而异，对硫酸盐土适应性较强，对氯化物则抗性较弱。

四、栽培技术

（一）土地准备

种植前，应适时开展整地，以达到耕作地土壤疏松，排水、排气良好，杀灭土壤中的病、虫原体等目的。整地一般选择在造林前一年春末至晚秋时节进行。如土壤较黏重，应在春季趁墒情较好时进行翻耕作业；若土壤为壤土、轻黏土或沙壤土等，多选择在夏季进行翻耕。在翻耕或复耕后2～10天要进行耙地，秋末冬初进行镇压。

（二）播种

沙枣的种植根据生产条件和种植要求的不同，以种子直播育苗和扦插育苗为主。

1. 种子直播育苗

种子采收处理：采集果实充分成熟、在无病虫害的壮龄母株上沙枣果实，晒干后去除果皮等杂质，在通风干燥处储存。播前对种子进行湿沙拌种处理，堆积厚度不超过10厘米。

播种时间：春播在3月中下旬至4月上旬。秋播在9月中下旬至10月初，用采集的果实直接播种。

播种方式：采用机器条播，行距60厘米+40厘米宽窄行，窄行30厘米，播深在4厘米，用种量为90～120千克/公顷，保苗3万～4万株/公顷。一般当年圃地苗高1米左右、根径1厘米左右，最高可达1.4米、根径2.4厘米。

2. 扦插育苗

常于春末秋初用当年生的发育健壮、枝条充实、叶芽饱满、无病虫害、直径在0.5厘米以上的枝条进行嫩枝扦插，或于早春生的枝条进行老枝扦插。把枝条剪下后，选取壮实的部位，剪成5～15厘米长的小段，每段要带4个以上的叶节。剪取插穗时需要注意的是，上面的剪口在最上一个叶节的上方大约1厘米处平剪，下面的剪口在最下面的叶节下方大约为0.5厘米处斜剪，上下剪口都要平整。

（三）育苗移栽

移苗：移苗的时间要选相对阴凉一点的天气，确保苗种不容易失水干枯。移栽过程中尽可能深挖土地把幼苗的根系完整的挖出来移栽到营养袋内。

栽植：秋季带叶移栽更佳，第二年春季2～3月树液流动时补植。栽时把苗木放入穴中央，扶正，使根系向外摆匀，不能窝根，填土至穴深2/3时轻提苗，使根系舒展并与土壤密接，然后用脚踏实，再填土至满穴，再踏实，浇透水。待水渗完后盖碎土至坑沿，栽苗深度一般和起苗深度一致。

（四）田间管理

1. 肥水管理

土壤，每年冬季在树冠下翻土20～30厘米深，加厚活土层，熟化土壤，同时把枯枝落叶掩埋，增加土壤肥力，并能冻死越冬害虫。于10～11月沙枣采收前后，施足基肥，在树冠投影边缘附近开沟施入，沟深30～40厘米。浇水，沙枣需水的规律是4～5月新梢生长期需水量多，后期浇水根据气候及土壤墒情而定。由于沙枣具有较强的抗旱性，因此，秋季控水要求相对较宽松，避免秋季大水大肥，关键要灌足冬水、浇好春水。

2. 苗木管理

沙枣树需整枝整修，修枝时，无中心主干，在树干0.6～1.0米之间留3～4个大主枝，形成中心空的树冠，树高2.0～2.5米。树冠开张，通风透光，成形快，结果早，产量高，便于管理和采摘果实。

五、病虫害防治

沙枣的虫害主要有春尺蠖、沙枣天蛾、沙枣木虱、沙枣牡蛎蚧等。

（1）春尺蠖　以蛹在土内越夏越冬，蛹于3月开始羽化为成虫出土，雌虫爬上树干交尾产卵。4月上中旬开始孵化为幼虫，危害树叶，直至5月上旬。5月下旬至6月老熟幼虫逐渐下树，在树干周围入土，做土茧化蛹越夏越冬。

防治方法 2月底，在树干基部堆沙或在距地面50厘米高的树干周围，绑草把或塑料布，阻止雌虫爬上树干产卵。必要时采取药物防治。

（2）沙枣天蛾 幼虫蚕食沙枣叶片，危害较严重的地方，叶片被暴食殆尽，影响生长，甚至造成枯枝或整株死亡。

防治方法 黑灯光诱杀成虫或保护和利用多种鸟类捕食幼虫。

（3）沙枣木虱 若虫、成虫危害叶片和嫩枝，以成虫危害期长，危害性大。被害嫩枝臃肿弯曲，叶片卷曲发黄，以致脱落。

防治方法 保护寄生性和捕食性天敌，或营造混交林，或清理林下杂草和枯枝落叶，破坏越冬场所，降低越冬虫口基数，或冬灌灭虫，以减少虫源。

（4）沙枣牡蛎蚧 以若虫、成虫危害树干和树枝，严重的亦危害果实，导致枝干枯死。

防治方法 保护瓢虫等天敌；营造混交林，加强经营管理；必要时药物防治。

六、采收加工

果实：沙枣果实于10月中下旬成热。果实成熟后并不立即脱落，可用手摘取或以竿击落，收集。采种要选择生长健壮，无病虫害、树干较通直、果实品质好的母树。新鲜饱满的种子发芽率多在90%以上，贮存良好的种子，5～6年后，发芽率仍达60%～70%。

花：5～6月，沙枣花盛开时采集，阴干，贮藏。

树皮根皮：四季可采剥，刮去外层老皮，剥取内皮，晒干备用。

七、地方标准

1. 药材性状

（1）沙枣 果实矩圆形或近球形，长1～2.5厘米，直径0.7～1.5厘米。表面黄色、黄棕色或红棕色，具光泽，被稀疏银白色鳞毛。一端具果柄或果柄痕，另端略凹陷，两端各有放射状短沟纹8条，密被鳞毛。果肉淡黄色，疏松，细颗粒状。果核卵形，表面有灰白色至灰棕色棱线和褐色条纹8条，纵向相间排列，一端有小突尖，质坚硬，剖开后内面有银白色鳞毛及长绢毛。种子1颗。气微香，味甜、酸、涩。（图2）

图2　沙枣药材图

（2）东方沙枣　果实宽椭圆形，较沙枣大。

（3）尖果沙枣　果实卵圆形或近圆形，较小，1～1.3厘米，表面乳黄色或橙黄色。

2. 显微鉴别

（1）果实粉末特征　黄白色或灰黄色。外表皮细胞黄色至棕黄色，不规则类圆形或椭圆形；果肉组织细胞具孔纹，常含淀粉粒；有时可见鳞毛；纤维线形，直径2～4微米；淀粉粒众多，单粒，或2～3个聚在一起，圆形或椭圆形，直径3～5微米；导管螺纹或孔纹。

（2）花粉末特征　鳞毛众多常呈放射状；花粉粒三角状，具3个萌发孔，壁厚，直径约40微米，导管螺纹。

八、仓储运输

1. 仓储

按商品要求包装成袋，包装标明品名、重量、规格、产地、批号、保质期、主要成分和商标等内容。果实采回后及时摊晒，防止发霉，干后用石碾碾压，脱除果面。种子在干燥通风处贮藏，注意防潮、防虫，堆层厚度不宜超过1米。

2. 运输

需要防潮，防止与有毒、有害物质混装。

九、药材规格等级

统货。

十、药用食用价值

沙枣果实药用主要有养肝益肾、健脾调经的功效，用于治疗肝虚目眩、肾虚腰痛、脾虚腹泻、消化不良、月经不调等，同时其花、叶、树皮、根皮、茎枝渗出的胶汁等亦可入药。果肉含有糖分、淀粉、蛋白质、脂肪和维生素，可以生食或熟食，新疆地区将果实打粉掺在面粉内代主食，亦可酿酒、制醋酱、糕点等食品。果实和叶可作牲畜饲料。花可提芳香油，作调香原料，用于化妆、皂用香精中；亦是蜜源植物。木材坚韧细密，可作家具、农具，亦可作燃料，是沙漠地区农村燃料的主要来源之一。沙枣根蘖性强，能保持水土，抗风沙，防止干旱，调节气候，改良土壤，常用来营造防护林、防沙林、用材林和风景林，在新疆保证农业稳产丰收起了很大作用。此外，沙枣果实、种子、叶片和花粉都含有多种有用的营养成分，具有较高的利用价值和经济价值。

shi liu
石榴

本品为石榴科植物石榴*Punica granatum* L.。药用部位为石榴皮、石榴叶、石榴花、石榴果实。

一、植物特征

落叶灌木或乔木，枝顶常成尖锐长刺，幼枝具棱角，无毛，老枝近圆柱形。叶通常对生，纸质，矩圆状披针形，顶端短尖、钝尖或微凹，基部短尖至稍钝形，上面光亮，侧脉稍细密；叶柄短。花大，1～5朵生枝顶；萼筒通常红色或淡黄色，裂片略外展，卵状三角形，外面近顶端有1黄绿色腺体，边缘有小乳突；花瓣通常大，红色、黄色或白色，顶端圆形；花丝无毛；花柱长超过雄蕊。浆果近球形，通常为淡黄褐色或淡黄绿色，有时白色，稀暗紫色。种子多数，钝角形，红色至乳白色，肉质的外种皮供食用。（图1）

图1　石榴

二、资源分布概况

我国南北均有栽培，种植规模较大的地区有新疆、江苏、河南、陕西、甘肃等地。

三、生长习性

石榴喜温暖向阳的环境，耐旱、耐寒，也耐瘠薄，不耐涝和荫蔽。对土壤要求不严，但以排水良好的夹沙土栽培为宜。

四、栽培技术

1. 选地

附近无污染及其他不利条件，便于交通运输及销售加工，≥10℃的年有效积温3500℃以上，光照充足，地形坡降不大于3%，有排灌条件，适宜种植区。且土层厚度1米以上，pH值在7～8.2之间，地下水位低于2米，土壤有机质含量不低于1%。

2. 苗木准备及栽前处理

如用地产苗木，应当边起苗边栽植，如用外地苗木，应按标准包装运输执行。栽植前对苗木根系进行修整，剪除干枯、霉烂、劈裂伤残部分。

3. 栽植方式

秋季落叶后至第二年春季石榴树萌芽前均可栽植，以春栽为宜。栽植密度为476～833棵/公顷（根据需要稀植或密植）。先开沟再于沟中挖穴，定植穴规格一般要求直径及深度不小于80厘米×60厘米。栽植时每株施腐熟有机肥10～12千克，氮磷复合肥或油渣0.5～1.0千克，与等量表土拌匀备用。栽植前先回填混合肥土至穴深的1/2处，再将石榴苗摆放于穴中使根茎与地面相平，苗朝南倾斜45°，东西向取土。边填土边拌动根系边踏实，填至与地面相平后随即浇一次透水，待水分完全渗入后再扶至45°浇水一次，用湿土覆盖。定植后及时埋土，以提高成活率，发芽开墩。

4. 树体管理

栽植后根据密度选定适宜树形，并在幼树期、初果期、盛果期对树体进行正确的修剪，确保树体有固定的树形。

5. 肥水土管理

采收后至土壤结冻前施用，有机肥用量幼树为10～15千克/株，盛果期为50～80千克/株，并加施化肥1.5～2千克/株。幼树期氮磷肥按2.1：1比例施用，盛果期按1：1左右，采用株距间坑施或顺行向沟施。6月中下旬结合果园间作施追肥，浅沟施或撒于树冠下刨翻入土，叶面追肥为花后喷一次有机复合微肥，8月下旬至9月结合疏枝再喷一次。

全年重点浇好4月上中旬的开墩水、5月中旬的花前水，7月上中旬的催果水，11月中下旬的封冻水，花后及8月中旬可各增加一次，盛花期及石榴成熟前一个月禁止浇水，以防裂果，影响品质。

建园初期，可间作绿肥等矮秆作物。6月下旬至8月中旬，结合浇水中耕2～3次，果实成熟前保持树冠下无杂草。秋季采果后或早春结合施基肥进行土壤耕翻。

五、病虫害防治

病害主要有石榴干腐病、黑斑病、果腐病、疮痂病等。虫害主要有介壳虫、蚜虫、叶螨、桃蛀螟等。

干腐病发病时期为花蕾到果实采收前，主要在七月和八月，干腐病的发生与温湿度、降雨、虫害均有关。幼果发病后呈现豆粒大小浅褐色不规则病斑，病斑颜色逐渐加深，中间凹陷至果内，直至整个果实变褐腐烂落果；若果实发育后期发病，则渐失水干缩，成僵果悬挂枝梢。

黑斑病发病期主要在果实采摘前的1～2个月，病果刚染病呈现针眼状黑褐色斑点，后逐渐扩大为圆、方或不规则斑块，严重时病斑可覆盖整个果1/2左右，后期病斑黑色且微凹。

果腐病发病期主要集中在果实成熟前1个月到果实采摘后和果实贮藏期。果腐病由褐腐病菌引起，染病初期果皮上有淡褐色水浸状，后逐渐扩大，出现灰褐色霉层，局部果皮微现淡红色，果皮内部籽粒也随之腐烂，后期果实内部腐坏呈红褐色浆汁。

疮痂病发病期伴随整个生育期，5月初出现病斑，6～7月病斑加重，9月病斑扩展，直至11月病斑基本停止扩展。病斑主要出现在自然孔口，起初呈水湿状，渐变为红褐色、紫褐色至黑褐色。单个病斑呈圆形或椭圆形，后期病斑触合成不规则疮痂状，粗糙变硬，龟裂严重，湿度大时，病斑内产生淡红色粉状物，为病原菌的分生孢子盘或分生孢子。

防治方法　综合运用农业、生物、物理化学等防治措施，选用抗病品种，及时做好清园工作，加强管理，尽可能将石榴主要病虫危害控制在经济阈值之下。当病虫发生数量及危害程度达到防治指标时，及时选用已获得国家登记用于防治石榴病虫害的农药，进行药剂防治。

六、采收加工

根据不同的药材需求，分阶段采集药材，花后期，收集自然脱落的花瓣，晾干；秋季果实成熟后采摘果实，收集果皮、种子，晒干。

七、药典标准

1. 药材性状

（1）石榴皮　本品呈不规则的片状或瓢状，大小不一，厚1.5～3毫米。外表面红棕色、棕黄色或暗棕色，略有光泽，粗糙，有多数疣状突起，有的有突起的筒状宿萼及粗短果梗或果梗痕。内表面黄色或红棕色，有隆起呈网状的果蒂残痕。质硬而脆，断面黄色，略显颗粒状。气微，味苦涩。以块大、皮厚、外表面色红棕者为佳。

（2）石榴子　本品为略长而具棱的颗粒，常粘连成团块。单粒一端较大，长5～9毫米，直径3～4毫米。外层为黄红色至暗褐色的肉质外种皮，有皱纹，富糖性而黏。中层为淡黄棕色至淡红棕色的内种皮，质较硬。种仁乳白色。气微，味酸、微甜。以粒大、色红、味浓者为佳。

（3）石榴花　本品多皱缩，有的破碎，完整者展平后呈卵形或卵圆形，长20～30毫米、宽20～25毫米 。花瓣红色或暗红色，羽状网脉，主脉基部宽至先端渐细，顶端圆形，边缘微波状，具疏而浅的钝锯齿，基部宽楔形或近圆形。薄而质脆，易碎。气微，味苦涩。（图2）

图2　石榴花药材图

2. 显微鉴别

（1）石榴皮横切面　外果皮为1列表皮细胞，排列较紧密，外被角质层。中果皮较厚，薄壁细胞内含淀粉粒和草酸钙簇晶或方晶；石细胞单个散在，类圆形、长方形或不规则形，少数呈分枝状，壁较厚；维管束散在。内果皮薄壁细胞较小，亦含淀粉粒和草酸钙晶体，石细胞较小。

（2）石榴皮粉末特征　粉末红棕色。石细胞类圆形、长方形或不规则形，少数分枝状，直径27～102微米，壁较厚，孔沟细密，胞腔大，有的含棕色物。表皮细胞类方形或类长方形，壁略厚。草酸钙簇晶直径10～25微米，稀有方晶。螺纹导管和网纹导管直径12～18微米。淀粉粒类圆形，直径2～10微米。

（3）石榴子粉末特征　粉末红棕色。石细胞甚多，不规则形、类圆形或长圆形，直径16～104微米，壁厚或稍厚。油滴多。淀粉粒少见，类圆形，直径3～10微米，脐点裂缝状。

（4）石榴花粉末特征　粉末棕红色。花冠表皮细胞表面观呈类多角形或不规则形，壁波状弯曲，表面有细密弯曲的角质纹理，侧面观外壁向外隆起，呈乳突状，边缘微波状。螺纹导管，直径10～20微米。花粉粒呈类圆形或椭圆形，淡黄色或近无色，直径14～22微米，具3孔沟。薄壁细胞类圆形或长圆形。

3. 检查

（1）杂质　不得过6%。

（2）水分　不得过17.0%。

（3）总灰分　不得过7.0%。

4. 浸出物

用乙醇作溶剂，醇溶性浸出物不得少于15.0%。

八、仓储运输

1. 仓储

按商品要求规格使用箱装，须防压，包装应挂标签，标明品名、重量、规格、产地、批号和商标等内容。存放于阴凉干燥处，注意防潮、防虫，长期贮存特别要注意防虫。

2. 运输

需要防止受潮，防止与有毒、有害物质混装。

九、药材规格等级

统货。

十、药用食用价值

石榴不同部位在中医药与民族医药中应用广泛。石榴皮具有涩肠止泻、止血、驱虫的功效，用于久泻、久痢、便血、脱肛、崩漏、带下、虫积腹痛。石榴叶具有清热燥湿、涩肠等功效，用于咽喉燥渴、下利漏精等。维药中石榴花具有收敛、止汗、止血等功效，用于腹泻日久等病症，外用可作为治疗出血不止、口舌生疮、口臭牙痛、皮肤瘙痒的药物使用。现代科学研究表明，石榴皮具有抗菌、抗病毒、驱虫、抗癌、抗氧化、抗消化性溃疡等作用，石榴果实提取物具有较强的抗氧化作用，对心脑血管疾病、肿瘤、细菌感染性疾病等具有显著的防治作用。石榴叶提取物在抗氧化、抗肿瘤、调节血糖等方面都具有很好的药用价值。

此外，石榴果实如一颗颗红色的宝石，果粒酸甜可口多汁，富含丰富的水果糖类、优质蛋白质、易吸收脂肪等，可补充人体能量和热量，但不增加身体负担。果实中含有维生素C及B族维生素，有机酸、糖类、蛋白质、脂肪及钙、磷、钾等矿物质，能够补充人体所缺失的微量元素和营养成分。

莳萝子

shi luo zi

本品为伞形科植物莳萝*Anethum graveolens* L.的干燥成熟果实。

一、植物特征

一年生草本，稀为二年生，全株无毛，有强烈香味。茎单一，直立，圆柱形，光滑，有纵长细条纹。基生叶有柄，叶柄基部有宽阔叶鞘，边缘膜质；叶片轮廓宽卵形，3～4回羽状全裂，末回裂片丝状；茎上部叶较小，分裂次数少，无叶柄，仅有叶鞘。复伞形花序常呈二歧式分枝，伞形花序；伞辐10～25，稍不等长；无总苞片；小伞形花序有花15～25；无小总苞片；花瓣黄色，中脉常呈褐色，长圆形或近方形，小舌片钝，近长方形，内曲；花柱短，先直后弯；萼齿不显；花柱基圆锥形至垫状。分生果卵状椭圆形，成熟时褐色，背部扁压状，背棱细但明显突起，侧棱狭翅状，灰白色；每棱槽内油管1，合生面油管2；胚乳腹面平直。花期5～8月，果期7～9月。（图1）

图1　莳萝

二、资源分布概况

莳萝原产欧洲南部。我国新疆、东北、甘肃、四川、广东、广西等地有栽培。现主产于新疆南疆地区、安徽、江苏等地。

三、生长习性

莳萝喜湿润气候，对土壤pH反应敏感。不耐寒、不耐涝，较耐旱、耐盐、耐瘠薄。莳萝幼苗耐水湿、一定程度的耐旱性。

四、栽培技术

可采用种子繁殖或育苗移栽，大田生产以种子繁殖为主。

（一）选种备种

选用优良品种，建立种子圃。当球果由黄绿色变为黄褐色，种皮由黄褐色变为深褐色时，种子逐渐成熟，即可采收。将球果摊于室内阴干，当球果开裂后，轻轻敲击脱出种子。播种前可用冷水或40～50℃温水浸种4～5天。每天换水一次，捞出沥干水分即可播种。

（二）土地整理

莳萝对土壤pH反应敏感。宜选择中性或微碱性、地下水位较高、肥沃湿润的沙壤土地。前茬作物收获后及时耕翻平整田块，灌足底墒水。整地前施足底肥，底肥以腐熟有机肥为主，根据土壤肥力适当添加氮磷钾复合肥，耕翻深度25厘米左右。应精细整地，达到细碎、松软、平整，以备播种。

（三）播种

根据取用部位选择不同的播种方式，若取用全草，春播、秋播均可，播种方式为撒播或条播；若取用种子，宜采用春播，播种方式为条播。

条播：行距40厘米，开浅沟，沟深约3厘米，将种子均匀撒入沟内，由于莳萝幼苗出土力弱，覆土不宜太厚，以2厘米左右为宜。播种量为12千克/公顷，播种后立即滴水，确保出苗期田间足够湿润。

（四）田间管理

1. 间苗定苗

莳萝播种到出苗，时间一般在10天左右，幼苗顶土力弱，苗期生长缓慢，出苗前后保持田间湿润、疏松干净，以利生长发育。莳萝苗高5～6厘米时，间去过密的苗，当苗高15厘米左右时，按株距约20厘米定苗。

2. 合理追肥

苗高25厘米时追肥一次，以磷肥为主。后期视苗情施肥，苗色正常不追肥，苗色偏黄适当追施氮肥，开花灌浆期追施复合肥。

3. 适时灌水

苗期控制灌水，促进根系发育，防止徒长倒伏，开花期灌浅水1次，促使花期一致，结实集中，后期控制灌水，防止贪青晚熟。一般在抽薹后开花初期灌溉头水，灌浆期灌水要浅。各生育期如有有效降雨不用灌水。

五、病虫害防治

根腐病、茎腐病、黄萎病等是莳萝生长过程主要出现的病虫害，防治措施是在苗期喷施多菌灵防腐，要时时注意蚜虫的生物防治并及时做好叶螨的治理工作。由于莳萝籽具有辛香味，故而不易发生其他虫害，生长周期内基本无需喷农药。

六、采收加工

秋季当莳萝果实近成熟或成熟，球果由黄绿色变为黄褐色，种皮由黄褐色变为深褐色时，即可采收，割取地上部分晒干，轻轻敲击脱出种子，除去杂质，晒至足干。

七、地方标准

1. 药材性状

莳萝果实为双悬果，多数开裂为分果。呈扁平的广椭圆形，长4～5毫米、宽2～3毫米、厚约1毫米，表面呈棕黄至棕灰褐色，背面有3条微突起的棱肋，两侧肋线则扩展成翅状，边缘灰白色；少数未分离的双悬果的基部，常残存有细短的果柄。气芳香，味辛凉。（图2）

图2　莳萝子药材图

2. 显微鉴别

（1）果实横切面　外果皮细胞1列，切线延长；中果皮为5～8列薄壁细胞，多角形或长方形，并在中果皮组织中可见油室，背面沟槽各1个，结合面2个，在分果的棱肋边各有1个近圆形维管束，在维管束与果皮之间近种皮处有1列厚壁细胞；内果皮细胞1列。种皮为1列切线延长的椭圆形细胞；胚乳占果实约1/2，内含众多颗粒状物。

（2）粉末特征　粉末呈黄棕色。表皮细胞（外果皮）表面观呈类多角形，直径约25微米；网纹细胞淡黄色，呈卵圆形，直径20～50微米，具网状纹孔；油管碎片多，黄棕色，细胞多角形，可见深棕色分泌物；胚乳细胞多角形，壁厚，内含淀粉粒、糊粉粒及小方晶和油滴；其他尚可见小腺毛、纤维及网纹导管。

八、仓储运输

1. 仓储

符合《国家中医药管理局中药饮片包装管理办法》（试行）、GB/T 6543—2008的要求。短期贮藏于温度小于25℃ 、相对湿度小于60%的通风库房内。注意防潮、防虫，长期贮存在专门的低温贮藏柜中。

2. 运输

防止受潮，防止与有毒、有害物质混装。

九、药材规格等级

统货。

十、药用食用价值

莳萝主要以果实入药，有驱风、健胃、散瘀、催乳等作用。莳萝主要含有挥发油、黄酮、香豆素及葡萄糖苷等成分，具有抑菌、抗氧化、抗胃溃疡、降胆固醇、降血糖等作用。莳萝茎叶及果实有茴香味，尤以果实较浓，嫩茎叶供作蔬菜食用；莳萝果实可提取芳香油，含挥发油2.8%～4%，油中主要成分是香芹酮，可用作调和香精的原料。此外，我国还以莳萝油作为食品添加剂或调味品，国外除将其作为食品添加剂之外，还用来脱脂乳粉以便制作奶酪、泡菜、色拉、汤、健胃药等。

本品为锦葵科植物蜀葵*Althaea rosea*（*Linn.*）Cavan.。药用部位为花、根、种子。

一、植物特征

二年生直立草本，茎枝密被刺毛。叶近圆心形，掌状5～7浅裂或波状棱角，裂片三角形或圆形，中裂片上面疏被星状柔毛，粗糙，下面被星状长硬毛或绒毛；叶柄被星状长硬毛；托叶卵形，先端具3尖。花腋生、单生或近簇生，排列成总状花序式，具叶状苞片，花梗被星状长硬毛；小苞片杯状，常6～7裂，裂片卵状披针形，密被星状粗硬毛，基部合生；萼钟状，5齿裂，裂片卵状三角形，密被星状粗硬毛；花大，有红、紫、白、粉红、黄和黑紫等色，单瓣或重瓣，花瓣倒卵状三角形，先端凹缺，基部狭，爪被长髯毛；雄蕊柱无毛，花丝纤细，花药黄色；花柱分枝多数，微被细毛。果盘状，被短柔毛，分果爿近圆形，多数，背部厚，具纵槽。花期2～8月，蒴果，种子扁圆，肾脏形。（图1）

图1　蜀葵

二、资源分布概况

蜀葵原产我国西南地区，是一种具有生态、观赏、食用、药用等多种价值的植物，在全国各地广泛栽培。

三、生长习性

蜀葵喜阳光充足，耐半阴，但忌涝。对土质要求不严，在壤土、轻黏土和素沙土中均能正常生长；耐盐碱能力强，在含盐0.6%的土壤中仍能生长。耐寒冷，在华北地区可以安全露地越冬。在疏松肥沃、排水良好、富含有机质的沙质土壤中生长良好。

四、栽培技术

（一）整地

1. 深耕细耙

选地后及时翻耕，以秋翻为好，秋耕应与清地、施基肥密切配合，秋耕深度大于40厘米，深浅要一致，地表植物残株和肥料等全部严密覆盖，以消灭越冬虫卵、病菌及杂草。耕行要直，耕后地表要平整，不漏耕，坡地翻耕时要沿等高线行走向坡下翻耕。春播地入冬前灌足水为佳，播种前一般先深耕30厘米左右并旋松耙平，深耕细耙可以改善土壤理化性状，促使植株根系的生长，如土壤墒情不足，应先灌水后再耙。

2. 施足基肥

基肥以农家肥为主，耕地前，施充分腐熟的农家肥30～45吨/公顷，深翻混匀，播种前再深耕细耙。

3. 作畦

滴灌灌溉的地，综合其灌溉设计能力和土地坡度的走向等地形因素划分地块，形成条田，不需要作畦，渠灌地必须依据地势与地块大小打埂分畦，育苗地≥0.03公顷/畦，生产地1～4公顷/畦为宜，以利土地整平，便于灌溉。

（二）播种

应选用采自无病虫害产区，或传统野生药材产区的种子，按品种特征精选肾形、具翅，秋季成熟，成熟时黑色的种子。

播种时间：南疆地区春季在3～4月。

播种：在整好的地上，按株行距为20厘米×40厘米进行点播，播种量为11.2千克/公顷，播种后覆土，用脚轻踩后立即用浸灌法浇一次透水，10天左右可出苗。

（三）田间管理

间苗补苗：苗高10厘米左右时，可进行间苗补苗，每穴留苗1～2株，结合中耕除草一次。当苗高35厘米左右时再行中除草、松土一次。冬季还有松土追施土杂肥。

灌溉：蜀葵喜湿润环境，播种后保持土壤湿润，确保正常出苗。定苗后，可根据天气情况，每20天浇一次水，直至6月中下旬。第二年起每年从早春3月开始灌水，第一水浇足浇透，可及时供给植株萌动所需水分。此后，以土壤保持湿润而不积水为宜，秋末应浇足、浇透防冻水。

施肥：早春萌芽前施用一些肥料，主要是给植株提供长枝、长叶的养分；当蜀葵叶腋形成花芽后，追施1次磷、钾肥。为延长花期，应保持充足的水分。花后及时将地上部分剪掉，还可萌发新芽，并能延长花期防止植株倒状。

五、病虫害防治

1. 病害

白斑病：主要危害蜀葵的叶片，发病初期叶面着生有褐色的小斑点，随着病情发展，病斑逐渐扩展为圆形、椭圆形或不规则形，病斑中央呈灰白色，外缘呈红褐色。在湿润环境下，病斑上可着生灰褐色霉层。若发生白斑病，可及时将病叶摘除，注意枝茎密度，使植株保持通风透光；多施磷钾肥，少施或不施氮肥；发病期，可适当喷施药物控制病情。

褐斑病：主要侵染叶片。病斑初期为灰褐色斑块，斑块边缘为淡黄绿色，病斑扩大后呈圆形、椭圆形或不规则状，边缘黑褐色，中部黄褐色。发病后期，病斑上会着生黑色霉斑。如发生褐斑病，可及时清理病叶；雨天注意及时排水，防止积水；发病期可适当喷施药物。

蜀葵锈病：多年生老株蜀葵易发生蜀葵锈病，感病植株叶片变黄或枯死，叶背可见到棕褐色、粉末状的孢子堆。在春季或夏季在植株上喷施波尔多液或播种前进行种子消毒可起到防治效果。

2. 主要虫害

主要虫害有红蜘蛛、棉大卷叶螟、大造桥幼虫、小造桥幼虫、烟实夜蛾、无斑弧丽金龟子、小地老虎等，以预防为主，治早治少，发生时，尽早用生物农药进行喷雾防治。危害严重时及时选择高效低毒生物农药处理。在距采收60天内，禁止喷洒农药。

六、采收加工

根据所需药用部位，分时段进行采收。采花可选择夏秋季采摘盛开花朵，晒至半干时除去花萼，继续晒干；采种子可在秋季果实成熟后摘取果实，晒干，打下种子，筛去杂质，再晒干；采收根可在冬季上冻前挖取，刮去栓皮和须根，洗净、切片、晒干。采收茎叶可在夏秋季采收，鲜用或晒干。

七、地方标准

1. 药材性状

花：花卷曲，呈不规则圆柱状，长2～4.5厘米。有的带有花萼和副萼，花萼杯状，5裂，裂片三角形，被有较密的星状毛。花瓣皱缩卷折，平展后呈倒卵状三角形，爪有长毛状物。雄蕊多数，花丝联合成筒状，花柱上部分裂呈丝状。质柔韧而稍脆。气微香，味淡。（图2）

图2　蜀葵花药材图

根：根圆锥形，略弯曲，长5～20厘米，直径0.5～1厘米；表面土黄色，栓皮易脱落。质硬，不易折断，断面不整齐，纤维状，切面淡黄色或黄白色。气淡，味微甘。（图3）

图3　蜀葵根药材图

2. 显微鉴别

（1）蜀葵花粉末特征　粉末呈棕色，花粉粒圆球形，淡黄色，直径100～120微米，外壁具刺状突起，萌发孔不明显。单细胞长30～500微米，直径10～25微米，壁薄。花瓣表皮细胞波状，有时可见方晶或簇晶。导管多为螺纹，直径约10微米。有时可见星状毛。

（2）蜀葵根横切面　木栓层为数列木栓细胞。皮层为横切面的1/5，纤维束众多，断续排列成4～7层环带。韧皮部较窄，多压缩，常有纵裂隙至皮层。木质部宽，约占横切面的3/5，导管单个或数个成群，呈放射状排列，射线1～2列细胞。

八、仓储运输

1. 仓储

按商品要求规格捆扎成垛，亦可再加麻袋包装，包装应挂标签，标明品名、重量、规格、产地、批号和商标等内容。蜀葵及其加工品应存放在通风防雨的干燥荫棚下，注意防潮、防虫，长期贮存特别要注意防虫。

2. 运输

需要防止受潮，防止与有毒、有害物质混装。

九、药材规格等级

统货。

十、药用食用价值

蜀葵全草均可入药，蜀葵根主治肠炎、痢疾、尿路感染、小便赤痛、子宫颈炎等，蜀葵子主治尿路结石、小便不利、水肿等（图2），蜀葵花内服治大小便不利、解河豚毒等，蜀葵花、叶外用治疗痈肿疮疡、烧烫伤等。现代研究表明，蜀葵干燥根、茎叶的水煎液有镇痛抗炎作用、蜀葵花醇提物有抗菌作用和对心血管疾病以及血栓性疾病有较好的治疗作用。

榅桲

wen bo

本品为蔷薇科植物榅桲*Cydonia oblonga* Mill.。榅桲果、种子、叶、根、枝均可入药。

一、植物特征

灌木或小乔木；小枝细弱，无刺，圆柱形，嫩枝密被绒毛，以后脱落，紫红色，二年生枝条无毛，紫褐色，有稀疏皮孔；冬芽卵形，先端急尖，被绒毛，紫褐色。叶片卵形至长圆形，先端急尖、凸尖或微凹，基部圆形或近心形，上面无毛或幼嫩时有疏生柔毛，深绿色，下面密被长柔毛，浅绿色，叶脉显著；叶柄被绒毛；托叶膜质，卵形，先端急尖，边缘有腺齿，近于无毛，早落。花单生；花梗近于无柄，密被绒毛；苞片膜质，卵形，早落；花萼筒钟状，外面密被绒毛；萼片卵形至宽披针形，先端急尖，边缘有腺齿，反折，比萼筒长，内外两面均被绒毛；花瓣倒卵形，白色；雄蕊20，长不及花瓣之半；花柱5，离生，约与雄蕊等长，基部密被长绒毛。果实梨形，密被短绒毛，黄色，有香味；萼片宿存反折；果梗短粗，被绒毛。花期4～5月，果期10月。（图1）

图1　榅桲

二、资源分布概况

榅桲属世界上栽培历史较为悠久的果树之一，目前在我国西北和西南省区有栽培，新疆分布较多，是新疆最具地方民族特色的传统果树。

三、生长习性

榅桲的适应性强，耐旱，喜光，既耐高温又耐低温。对环境条件要求不严，适应性强，黏土或沙土均能生长，最适宜的土壤是含沙粒丰富的肥沃壤土。榅桲是适宜在北方寒冷条件下生长的树种，即使在pH8.0左右的碱土上仍见有榅桲，并能较好地生长。

四、栽培技术

1. 土地选择

榅桲的环境适应性强，平地、山地、丘陵等类型土地均可作为榅桲种植地，且对土质要求不高，砂土、壤土、黏土都可，以含沙粒丰富的肥沃壤土为佳，土壤pH值在5～8.5均可。榅桲根的水平和垂直伸展力强，对土层较贫瘠的土地建议先行壕沟改土或大穴定植，以保证产品最佳产量与品质。

2. 育苗移栽

榅桲的繁殖方法主要有种子、分株、压条、扦插、嫁接等。其中分株繁殖（不易取种苗）或育苗移栽成活率最高，但目前主要采取育苗移栽，按株行距30厘米×40厘米进行育苗。一年生苗按株行距1米×2米交错种植，建园通常采用二三年生苗，株行距为4米×5米。种子繁殖苗木4～5年开花结果。育苗移栽宜在落叶后或萌发前进行，且小苗需留宿土，大苗需带土球。

3. 土壤肥水管理

根据种植不同年限的幼苗，每行形成一个连珠状浇水沟。榅桲根系一年有两次生长高峰期，分别是在春季3～5月和秋季9～11月，因此在春季耕作时和早秋果实采摘后至上冻前施肥，正好迎合根系生长高峰，促发新根生长。圈肥采用环状沟施法或放射状沟施法，一般是在距离树干20～30厘米处，绕树干挖环状沟或向四面挖4～5个50厘米长的沟，施肥后覆土，次年改在未施部位施入。浇水采用成行沟灌，分别在果树萌芽期、开花期、春梢生长期、果实膨大期、果实着色期及封冻前浇水4～6次。

4. 整形修枝

榅桲有两种树型，分别为小乔木和灌木。小乔木类型采用主干双层形，树高控制在4米左右，留两层主枝，层间距1.0～1.2米。第一层3个主枝，每枝留1～2个侧枝；第二层2个主枝，每枝留2～3个侧枝，以对生为好。灌木类型采用自然圆头形，可根据其自然生长状态和形态进行修剪。榅桲落叶后至萌发前为冬剪，主要采用短截、回缩等技术，使植株内膛和下部枝更新复壮，轮换交替结果，保持树形整体结构。果树发芽后至落叶前为夏剪，主要采用摘心、扭梢、拉枝等技术，作为辅助修剪，促进花芽分化。

5. 疏花疏果

在进入盛果期后进行。对花过多的植株应进行疏花，可提高花的质量，从而提高座果率。疏花时间以花序伸出到初花为宜。疏花量因树势、品种、肥水和授粉条件而定，旺树旺枝少疏多留，弱树弱枝多疏少留，先疏密集和弱花序，疏去中心花，保留边花。疏果一般在早期落果高潮之后进行，以落花后两周左右进行为宜。每花序留1～2个果即可，先疏去病果、畸形果，保留果形端正着生方位好的果。

五、病虫害防治

圆蚧是榅桲的主要虫害，其口刺吸在树体的芽、叶片、果实、枝干表面，使芽体脱落、叶片畸形、果实斑点、枝条枯竭甚至整株死亡，严重影响果品质量和产量。在果树休眠期，用工具刮除树干上的老皮，然后喷洗衣粉水可有效防治，冬季将严重受害枝梢及时剪除。

锈病是榅桲的主要病害，感染锈病菌造成果实畸形、树木畸形、活力降低甚至死亡。病原菌主要通过空气或寄主植物传播，其侵染力可保持1～6年甚至20年。防治方法主要是严格引种，杜绝寄主植物传播，若发现病株或病枝，及时清出田间并销毁。

六、地方加工

榅桲果：秋季果实成熟时采摘，直接晒干，或纵切成两瓣或厚片，晒干。

榅桲子：秋季果实成熟时，采摘果实，除去果肉，取子，晒干。

七、地方标准

1. 药材性状

榅桲果：呈梨状皱缩，质地较韧；常纵切成两半或厚片。黄棕色或暗红色，肉厚而粗，断面呈小颗粒状，边缘不卷曲。质略松轻，种子棕黑色，脱粒或存在。气芳香，味酸甜。（图2）

榅桲子：加水共研，有苯甲醛香气。（图3）

图2　榅桲果药材图　　图3　榅桲子药材图

2. 显微鉴别

榅桲果粉末：呈棕色或黄棕色。果皮表皮细胞黄棕色，多角形，壁厚。石细胞多单个散离，呈卵圆、类圆或长椭圆形，孔沟明显，胞腔狭小，长为30～40微米，直径约40微米。单细胞毛多弯曲，有的内含黄棕色物，直径约10微米。网纹导管少见。果皮栅状细胞少见。淀粉粒较多，单粒或3～5个组成的复粒。小方晶直径7.5～12.5微米。

榅桲子横切面：最外层栅状细胞排列整齐，细胞具明显的纹理，呈长方形，侧壁与内壁增厚，细胞径向60～80微米，切向20～25微米，无色。厚壁细胞层棕褐色，细胞扁平而紧密排列，径向12～20微米，内胚乳色素层棕褐色。外胚乳子叶细胞，无色，含油滴。

榅桲子粉末：呈棕红色，栅状细胞呈长方形，具明显或不明显的纹理，无色，径向60～80微米，切向20～25微米。厚壁细胞棕红色，扁平，多层重叠。子叶细胞呈不规则形，直径12～20微米。油滴众多。

八、仓储运输

1. 仓储

符合《国家中医药管理局中药饮片包装管理办法》（试行）的要求，外包装用符合GB/T 6543要求的瓦楞纸箱包装。包装应挂标签，标明品名、重量、规格、产地、批号和商标等内容。干燥通风，注意防潮、防虫，长期贮存应注意防虫。

2. 运输

防止受潮，防止与有毒、有害物质混装。

九、药材规格等级

统货。

十、药用食用价值

榅桲是维吾尔族医常用药材。榅桲果有补脑益心、增益精神力、助胃利尿、止渴止咳、止血止泻的功效，常用于治疗头晕心慌、神疲乏力、食少胃弱、口渴尿闭等；榅桲子富含油性，气微味淡，有光滑皮肤、退烧、止咳、降低干燥等作用，主治大便秘结、烦躁不安、口干津少、咳嗽、肺结核等，并具有抗氧化、抗溶血、抗肾癌细胞增殖、抗皮肤毒性等药理作用。此外，榅桲果实芳香，味酸可供生食或煮食，新疆南疆四地州维吾尔族人民做抓饭时喜放入榅桲果一起食用。

wu hua guo

无花果

本品为桑科植物无花果*Ficus carica* Linn.。果、叶、根均可入药。

一、植物特征

落叶灌木，多分枝；树皮灰褐色，皮孔明显；小枝直立，粗壮。叶互生，厚纸质，广卵圆形，长宽近相等，通常3～5裂，小裂片卵形，边缘具不规则钝齿，表面粗糙，背面密生细小钟乳体及灰色短柔毛，基部浅心形，基生侧脉3～5条，侧脉5～7对；叶柄粗壮；托叶卵状披针形，红色。雌雄异株，雄花和瘿花同生于一榕果内壁，雄花生内壁口部，花被片4～5，雄蕊3，有时1或5，瘿花花柱侧生，短；雌花花被与雄花同，子房卵圆形，光滑，花柱侧生，柱头2裂，线形。榕果单生叶腋，大而梨形，顶部下陷，成熟时紫红色或黄色，基生苞片3，卵形；瘦果透镜状。花果期5～7月。（图1）

图1　无花果

二、资源分布概况

原产地中海沿岸。分布于土耳其至阿富汗。我国唐代即从波斯传入，现南北均有栽培，尤以新疆南疆地区最多。

三、生长习性

喜温暖湿润气候，耐瘠，抗旱，不耐寒，不耐涝。以向阳、土层深厚、疏松肥沃、排水良好的沙质壤上或黏质壤土栽培为宜。适宜无花果栽培地区：最暖月份的平均气温在20℃度以上，最冷月份的平均气温在8℃以上，年平均温度15℃；5℃以上的生物学积温在4800℃以上，无霜期120天以上，年降雨量为600～800毫米，年日照时数2000小时以上。

四、栽培技术

（一）育苗

无花果对土壤要求不严，一般土壤均可育苗，但要选择无盐碱的土壤，以沙壤土和有机质含量高的土壤最为适宜，应选设在土壤肥沃、排水良好和水源便利的地块。入冬前应将苗床深翻，施足底肥，一般每公顷施腐熟农家肥15～30吨。次年3月中、下旬从优良母株上选1～3年生未曾发芽的，而且节间短，枝粗在1～1.5厘米的健壮枝条，剪成30～50厘米的插条，按行距50厘米开沟，斜插入土三分之二，其余部分露出土外，填上压实，浇水保持土壤湿润。

（二）移栽

可在荒坡、田园、庭院栽培。利用荒坡、田园、庭院等栽培的，为了提高无花果的早期产量，可采用矮化密植栽培方式，以后根据树体长势进行间伐，以确保园内通风透光。采用低主干丛生型栽培的株行距为15米×20米，定植单坑深50～70厘米，直径为40～60厘米，以含磷钾的混合肥（如农家肥、绿肥、饼肥）等作基肥，定植适期应在清明节前后。

（三）田间管理

1. 中耕除草

一般中耕与浇水、除草相结合，干旱、半干旱区园地浇水后均应中耕松土。在幼年果园进行间作套种，可提前获得经济效益，间作物以豆类、瓜菜较为适宜，也可选用药用植物。

2. 施肥

无花果为高产果树，对肥料要求较高，无花果施肥以适磷重氮钾为原则。由于各地土壤条件的差异较大，施肥量与N、P、K的比例应根据具体情况而确定，如园地肥沃，其施肥量比标准用量少10%～15%；同一园内，树势强的植株少施，树势弱的可适当多施；幼树期施肥不宜过多，以免新梢徒长，枝条不充实，耐寒力下降。在落叶前后至早春萌动前施用基肥，追肥在夏果、秋果迅速生长前施用。采用开条沟或环状沟施入，沟深20～30厘米即可。施肥应与灌水相结合。除土壤施肥外，生长期也可进行根外施追肥，前期以氮肥为主，后期以磷、钾肥为主。

3. 灌水

灌溉次数根据降水的具体情况决定。灌水时期以新梢和果实迅速生长期最为重要。到二次果成熟时，应逐渐停止浇水，这有利于枝条成熟。落叶后结合秋耕灌冬水1次，有利于越冬。无花果耐涝力弱，注意灌水量的控制，防止涝害的发生。

4. 整形修剪

无花果的整形修剪较简单，一般采用多主枝自然开心形整枝方式，全株保留3～5条主枝，不留侧枝，主枝组直接着生在主枝上。幼树期间重点抓好培养主枝，并注意抬高主枝角度，促进多发枝条，达到迅速扩大树冠的目的。进入初果期后，抓好多培养枝组，以便促进形成一定的产量。盛果期时注意培养骨干枝，更新大中型枝组，剪缩弱枝组。对树势衰老或病虫害严重的，可利用基部或枝上发出的萌蘖枝或隐芽，重新培养主枝和枝组。

五、病虫害防治

无花果的病虫害较少。除桑天牛和疫病对其危害较重外，主要还有锈病、炭疽病和线虫的危害，以及果实成熟时易受鸟害。

防治方法　综合运用农业、生物、物理化学等防治措施，选用抗病品种，及时做好清园工作，加强栽培管理，尽可能将病虫危害控制在经济阈值以内。当病虫发生数量及危害程度达到防治指标时，及时选用生物农药进行防治。

六、采收加工

无花果：果实的采收一定要适时、适度，采收适期应是成熟充分而不能过熟之时，果皮出现固有品种（多分红、黄品种）的色泽时，即可采摘，尽可能在清晨或傍晚采收。无花果鲜果采收容器不易过深，宜选用平底浅塑料盘，下铺薄层塑料海绵或纱布。采摘时需保持一小段果梗，以免果皮被撕裂开，注意小心轻放。尽快水潦，晒干或鲜用。

无花果叶：夏、秋二季采摘叶片，阴干。

七、地方标准

1. 药材性状

（1）无花果　本品多呈扁圆形，有的呈类圆形，梨状或挤压成不规则形，直径2.5～4.5厘米，厚0.5～2厘米，上端中央有脐状突起，并有孔隙；下端亦微凸起，有托梗相连，基部有3枚三角形的苞片或苞片的残基。表面淡黄棕色、黄棕色至暗紫褐色，有10条微隆起的纵皱和脉纹，加糖者皱纹不明显；切面黄白色、肉红色或黄棕色，内壁着生众多卵圆形黄棕色小瘦果和枯萎的小花，果长0.1～0.2毫米。质柔软，气微，嚼之微甜而有黏滑感，加糖者味甜。（图2a）

（2）无花果叶　本品多皱缩卷曲，有的破碎。完整叶片展平后呈倒卵形或近圆形，长5～20厘米，3～5裂，裂片通常倒卵形，顶端钝，有不规则锯齿，黄褐色或灰褐色，背面被灰色茸毛，掌状叶脉明显，叶脉于下表面突起。叶柄具有纵皱纹，长约5～20厘米，质脆。气微，味淡。（图2b）

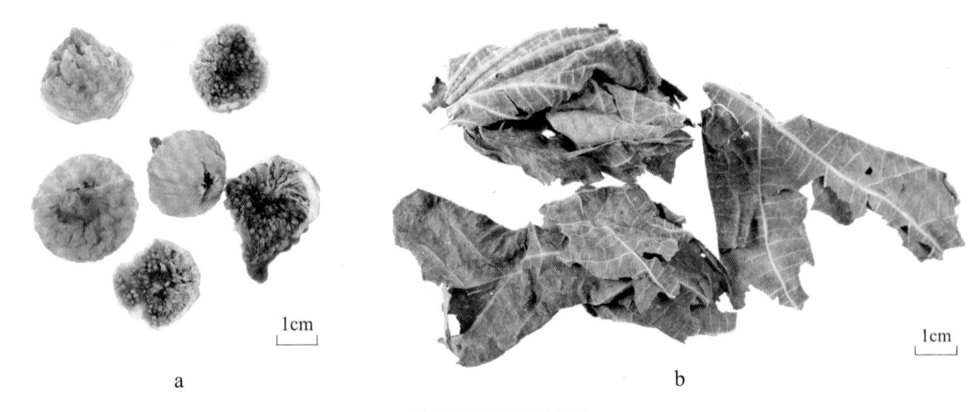

图2 无花果药材图
a. 果实；b. 叶

2. 显微鉴别

（1）无花果粉末特征　粉末黄棕色至紫棕褐色。花序托表皮细胞多角形，黄色，直径10～20微米；单细胞非腺毛长短不一，长圆锥状或钉形，长20～300微米；托肉薄壁细胞大，类圆形、椭圆形或不规则形，胞内常含直径5～13微米的小簇晶及淡黄色乳汁。外果皮石细胞黄棕色，卵形或多角形，长30～60微米、宽10～20微米；中果皮细胞淡黄色，具细小纹孔；内果皮细胞多角形，长40～80微米、宽20～40微米。螺纹导管直径5～15微米。胚乳和子叶细胞含油滴及糊粉粒。

（2）无花果叶粉末特征　粉末灰褐色。非腺毛为单细胞，基部膨大。腺毛头部类圆形，4～10个细胞，柄1～2个细胞；或头部单细胞，柄4～10个细胞。螺纹与梯纹导管多见，偶见网纹导管。表皮细胞呈多角形，垂周壁平直。气孔不定式。

八、仓储运输

1. 仓储

药材干品按商品要求规格用箱装，须防压，包装应挂标签，标明品名、重量、规格、产地、批号和商标等内容。存放于阴凉干燥处，注意防潮、防虫，长期贮存特别要注意防虫。

2. 运输

需要防止受潮，防止与有毒、有害物质混装。

九、药材规格等级

统货。

十、药用食用价值

中医药中无花果具有健脾益胃、润肺止咳、解毒消肿功效。用于食欲不振、脘腹胀痛、痔疮便秘、咽喉肿痛、热痢、咳嗽多痰；无花果根、叶具有清热去湿、消肿解毒功效，根用于肺热咳嗽、咽喉肿痛、痔疮、痈疽、筋骨疼痛，叶用于痔疮、疮毒肿痛、湿热泄泻。维吾尔医药中无花果具有生湿生热、调节异常黑胆质、强身肥体、改善消化、润肠通便、消炎止咳、消肿通阻、利尿通经功效，无花果叶具有生热赤肤、发汗除废、软坚除疣、祛斑生辉、祛风止痒、固血溶血、解疯狗或毒虫之毒等功效。

本品为唇形科植物香青兰*Dracocephalum moldavica* L.的干燥地上部分。

一、植物特征

一年生草本；直根圆柱形。茎数个，直立或渐升，常在中部以下具分枝，不明显四棱形，被倒向的小毛，常带紫色。基生叶卵圆状三角形，先端圆钝，基部心形，具疏圆齿，具长柄，很快枯萎；下部茎生叶与基生叶近似，具与叶片等长之柄，中部以上者具短柄，柄为叶片之1/2～1/4以下，叶片披针形至线状披针形，先端钝，基部圆形或宽楔形，两面只在脉上疏被小毛及黄色小腺点，边缘通常具不规则至规则的三角形牙齿或疏锯齿，有时基部的牙齿成小裂片状，分裂较深，常具长刺。轮伞花序生于茎或分枝上部5～12节处，疏松，通常具4花；苞片长圆形，稍长或短于萼，疏被贴伏的小毛，每侧具2～3小齿，齿具长刺。花萼被金黄色腺点及短毛，下部较密，脉常带紫色，2裂近中部，上唇3浅裂至本身1/4～1/3处，3齿近等大，三角状卵形，先端锐尖，下唇2裂近本身基部，裂片披针形。花冠淡蓝紫色，喉部以上宽展，外面被白色短柔毛，冠檐二唇形，上唇短舟形，长约为冠筒的1/4，先端微凹，下唇3裂，中裂片扁，2裂，具深紫色斑点，有短柄，柄上有2突起，侧裂片平截。雄蕊微伸出，花丝无毛，先端尖细，药平叉开。花柱无毛，先端2等裂。小坚果，长圆形，顶平截，光滑。花期7～8月，果期8～9月。（图1）

图1　香青兰

二、资源分布概况

香青兰常生于干燥山地、山谷、河滩多石处，多见于田地、路旁、固定沙丘、草原等处。产于吉林、辽宁、内蒙古、河北、山西、河南、陕西、甘肃、青海及新疆等地。

三、生长习性

香青兰为喜光植物，较耐干旱，香青兰对土壤要求不严。但以土层深厚，有机质含量丰富的砂壤土为佳。苗期要求土壤湿润，成株较耐旱。在适宜条件下香青兰种子发芽快、整齐。在室温20～25℃的湿润条件下。种子第二天就开始萌发，至第五天发芽结束。

四、栽培技术

（一）整地

宜选择地势较平坦、土层深厚、疏松肥沃、灌溉方便、排水良好的土地，土壤pH以7.0～7.5为佳。耕地与施基肥密切配合，要求：深耕达25厘米以上，反复整细耙平，土块细碎，土面平整。播种前用钉齿耙或圆盘耙整地，深度6～8厘米，整平，上虚下实。

基肥以农家肥为主，耕地前施腐熟农家肥2000～3000千克/667平方米。滴灌地可不作畦；沟渠漫灌地应依据地势与地块大小大埂分畦，略宽1.0～1.5米。

（二）播种

1. 繁殖材料

精选成熟饱满、长圆状三棱形、光滑、黑色的种子。纯度不低于99%，净度不低于95%，发芽率不低于80%。播种前，晒种1～2天。

2. 播种时间

南疆三地州区域：秋季11月中旬，土壤封冻前播种。北疆：春季土壤5厘米低温稳定在5℃以上。

3. 播种方式

（1）人工条播　按行距40厘米开沟，沟深1.0～1.5厘米，种子与细沙按1∶5拌匀，均匀撒入沟内，覆土镇压。播种量1.5～2.0千克/667平方米。

（2）机械直播　小粒种子播种机播种，行距40厘米，深度1.0～1.5厘米，适当镇压。播种量1.5～2.0千克/667平方米。

（3）覆膜滴灌点播　宽窄行种植，窄行距20～25厘米、宽行50厘米，株距5～8厘米，每穴下种3～4粒，播种深度1.0～1.5厘米。滴灌带铺设在窄行中间，播种、铺管、覆膜一次完成。要求：铺膜平展，压膜严实，膜面干净、种穴膜孔不错位、播行端直、行距一致、播种深度适宜、下籽均匀、覆土严密、接行准确，播种到头到边。毛管铺设要宽松，不要太紧，两头固定，毛管流道向上，有断头时用直通接头接好。

（三）田间管理

1. 中耕除草

中耕除草2～3次，第1次于出苗后10～20天，浅锄表土，注意勿铲苗、埋苗。第2次在浇头水后，以后视土壤和杂草状况适当中耕，至苗封行前止。覆膜直播地，视杂草状况适当中耕。

2. 灌溉

香青兰出苗后，每隔10～15天浇水（滴水）一次，封垄后适当减少浇水次数。雨水较多时节应及时排水。

3. 施肥

5月中旬长至10～15厘米，撒施或随水滴灌尿素5～10千克/667平方米。

五、病虫害防治

香青兰病虫害较少，以寄生的菟丝子为主，播种前精选种子，清除菟丝子等杂草种子。菟丝子等应在其开花前，连同寄主（香青兰）一起拔出。通过与小麦、玉米等轮作，减少其发生。

六、采收加工

1. 采收时间

6～7月。

2. 采收方法

距地面2厘米，用镰刀割取香青兰地上部分。

3. 加工

（1）加工场所　符合《国家中医药管理局中药饮片包装管理办法》（试行）规定的

卫生要求，场地干净整洁，远离交通干路和污染源，要与生活区严格分开，防止生活污染。

（2）加工方法　清除茎叶杂质，摊开阴干；或扎成小捆，将其倒置悬挂通风处阴干；水分低于12%时，按长度3～5厘米截段，分装入库。

七、地方标准

1. 药材性状

本品茎方形，四棱。表面黄绿色或紫红色。被倒向疏柔毛，体轻，质泡，折断面白色，中空。叶对生，有柄多脱落或破碎；完整者披针形或狭披针形，长2～5厘米，边缘有三角形锯齿，基部2齿常具芒刺，两面叶脉疏被细毛，叶背面有凹陷的棕色腺点。轮伞花序顶生，苞片长圆形，每侧有3～4个长刺齿，背面有腺点；花萼筒状，长约1厘米，有纵向纹理，先端5齿裂，齿间具疣状突起，花多萎缩，蓝紫色。气清香，味微辛。（图2）

图2　香青兰药材图

2. 显微鉴别

（1）横切面

①茎横切面：表皮为1列长方形细胞，外被角质层，气孔较少，有扇球形的腺鳞，非腺毛由1～3个细胞组成，圆锥形，平直或弯曲，壁厚，有疣状突起。腺毛具单细胞柄、2个细胞头。皮层为数列薄壁细胞，四棱基处有数层厚角组织。韧皮部和皮层处有若干单个

或成群排列成断续环层的黄色厚壁细胞。形成层不甚明显。维管束为外韧型，木质部四棱处发达，由导管和纤维组成，射线细胞1列，四角处可见初生木质部，导管较大，壁薄，直径30～76微米。中央为髓部薄壁细胞。

②叶横切面：上表皮为1列较大的切线延长的细胞，呈长方形，排列整齐，外壁增厚被角质层。上下表皮均有腺毛和多细胞非腺毛及腺鳞，腺毛为单细胞柄，头为2个细胞组成；非腺毛由1～3个细胞组成。圆锥形，平直或弯曲，具壁疣；腺鳞为单细胞柄，腺头由12～16个细胞组成，直径77～112微米。气孔为直轴式。栅状组织由2列薄壁细胞组成，排列紧密。海绵组织为3～5列不规则的细胞，排列疏松。叶主脉向下凸出，为外韧型维管束，韧皮部细胞为多角形，上下表皮内侧为若干层厚角组织。

（2）粉末特征　粉末黄绿色，表皮气孔为直轴式。非腺毛由1～4个细胞组成，长80～200微米，直径7～16微米，圆锥形，平直或弯曲，有疣状突起。腺鳞较大，直径90～140微米，由12～16个细胞组成，内含淡黄色油滴。导管网纹、螺纹，直径3～12微米。花粉粒椭圆形，具3个萌发孔。纤维长约720微米，直径约26微米，厚壁细胞纹孔明显。

八、仓储运输

1. 仓储

符合《国家中医药管理局中药饮片包装管理办法》（试行）的要求，外包装符合GB/T 6543要求的瓦楞纸箱包装。包装应挂标签，标明品名、重量、规格、产地、批号和商标等内容。干燥通风，注意防潮、防虫，长期贮存应注意防虫。

2. 运输

防止受潮，防止与有毒、有害物质混装。

九、药材规格等级

统货。

十、药用食用价值

中医认为香青兰具有疏风清热、清肺解表、利咽止咳、止痛、凉肝止血作用，用于感冒发热、头痛、咽喉肿痛、气管炎、咳嗽气喘、痢疾、黄疸、吐血、理血、风疹、皮肤瘙痒、心脏病、神经衰弱、狂犬咬伤等。现代临床应用和研究表明，香青兰中含有挥发油、黄酮类、萜类、微量元素、蛋白质、氨基酸、多肽等成分，具有缓解心绞痛症状、改善心肌缺血、降低血黏度和血小板聚集率、抗脂质过氧化损伤、抗菌、镇咳、止喘等作用。此外香青兰精油具有花香、青香、果香香韵，属蜜蜡型，整个香气透发持久、稳定，可调配食用、日用等多种类型香精。

xiao hui xiang 小茴香

本品为伞形科植物茴香*Foeniculum vulgare* Mill.的干燥成熟果实。

一、植物特征

草本。茎直立，光滑，灰绿色或苍白色，多分枝。较下部的茎生叶柄，中部或上部的叶柄部分或全部成鞘状，叶鞘边缘膜质；叶片轮廓为阔三角形，4～5回羽状全裂，末回裂片线形。复伞形花序顶生与侧生，花序梗长；伞辐6～29，不等长；小伞形花序有花14～39；花柄纤细，不等长；无萼齿；花瓣黄色，倒卵形或近倒卵圆形，先端有内折的小舌片，中脉1条；花丝略长于花瓣，花药卵圆形，淡黄色；花柱基圆锥形，花柱极短，向外叉开或贴伏在花柱基上。果实长圆形，主棱5条，尖锐；每棱槽内有油管1，合生面油管2；胚乳腹面近平直或微凹。花期5～6月，果期7～9月。（图1）

图1 茴香

二、资源分布概况

原产地中海地区。我国各省区都有栽培，新疆主产于昌吉、吐鲁番和阿克苏等南疆地区。

三、生长习性

小茴香为长日照作物，喜湿润气候，不耐寒，但其根系发达，抗旱性强、耐盐、耐瘠薄、不耐涝。

四、栽培技术

（一）播前准备

1. 选地整地

小茴香根系发达，抗旱性强、耐盐、耐瘠薄，宜选择土层深厚、通透性强的沙壤或轻沙壤土种植，前茬作物以禾本科作物、瓜类、豆类为优，前茬作物收获后及时耕翻平整田块，灌足底墒水。小茴香种子小，幼苗顶土力弱，应精细整地，达到细碎、松软、平整，以备播种。

2. 施足基肥

小茴香生育期长，需肥量大，喜磷钾肥，施肥应以基肥为主，播种前结合整地施腐熟优质有机肥15吨/公顷、磷酸二铵150千克/公顷、硫酸钾90千克/公顷，均匀混施于土壤10～20厘米深处作底肥。耕翻深度22～25厘米。灌足播前底墒水，压碱洗盐。适墒整地达到平、松、碎、净。

3. 种子处理

选择适合当地栽培的品种。种子进行人工精选，除去杂物，选用籽粒饱满、色泽鲜艳、无病虫种子，并于播种前用辛硫磷拌种待播。

（二）播种

一般在3月下旬至4月中旬播种，用种量为7.5～10.5千克/公顷。将精选处理的种子装入点播器，点播器固定株距20厘米，行距调整为25～30厘米，播深1.5～2.5厘米。

（三）田间管理

1. 松土除草

小茴香播种到出苗时间较长，一般在20天左右，幼苗顶土力弱，苗期生长缓慢，出苗前后及时破除板结，助苗出土，苗期应及时中耕除草，保持田间疏松干净，以利生长发育。

2. 间苗定苗

小茴香长出2～3片叶、苗高4～5厘米进行间苗，4～5片叶、苗高6～8厘米时定苗，每穴定苗2株。行距25～30厘米，株距20厘米，保苗量33万～39万株/公顷。

3. 合理追肥

点播时种带磷酸二铵15.0～22.5千克/公顷，灌1～2次水时视苗情施肥，苗色正常不追肥，苗色偏黄适当追施氮肥，开花灌浆期追施复合肥。叶面追肥2～3次，喷施0.2%～0.4%磷酸二氢钾等。

（四）适时灌水

苗期控制灌水，促进根系发育，防止徒长倒伏，开花期灌浅水1次，促使花期一致，结实集中，后期控制灌水，防止贪青晚熟。一般在抽薹后开花初期灌溉头水，盛花期如有有效降雨（降水渗入土壤深度超过10厘米）不用灌水，灌浆期灌水要浅，防止田间积水，全生育期灌水1～2次。各生育期如有有效降雨不用灌水。

五、病虫害防治

小茴香生长期病虫害较少，主要是易受盲蝽蟓及蚜虫为害，大面积发生时可生物农药进行喷雾防治。尽可能按有机生产标准选用农药，比如0.3%苦参碱水剂、1.8%阿维菌素、0.5%印楝素、1.5%苦参素等。

六、采收加工

小茴香属无限花序，花期较长，籽粒成熟不一致，应采取分次采收，即一级分枝花序成熟时先剪收1次，二级花序成熟后全面收获，一般在9月中下旬收割。收割后在田间通风处把堆，田间风干5～7天，及时拉运到晒场上脱粒，扬筛干净入库。田间机械收割，直接在田间晾晒3～4天后进行脱粒、秸秆还田，果实及时拉运到晒场上扬筛干净入库待售。

七、药典标准

1. 药材性状

本品为双悬果，呈圆柱形，有的稍弯曲，长4～8毫米，直径15～2.5毫米。表面黄绿色或淡黄色，两端略尖，顶端残留有黄棕色突起的柱基，基部有时有细小的果梗。分果呈长椭圆形，背面有纵棱5条，接合面平坦而较宽。横切面略呈五边形，背面的四边约等长。有特异香气，味微甜、辛。（图2）

图2　茴香药材图

2. 显微鉴别

分果横切面　外果皮为1列扁平细胞，外被角质层。中果皮纵棱处有维管束，其周围有多数木化网纹细胞；背面纵棱间各有大的椭圆形棕色油管1个，接合面有油管2个，共6个。内果皮为1列扁平薄壁细胞，细胞长短不一。种皮细胞扁长，含棕色物。胚乳细胞多角形，含多数糊粉粒，每个糊粉粒中含有细小草酸钙簇晶。

3. 检查

（1）杂质　不得过4%。

（2）总灰分　不得过10.0%。

八、仓储运输

1. 仓储

符合《国家中医药管理局中药饮片包装管理办法》（试行）、GB/T 6543—2008的要求。适宜贮藏于温度<25℃，相对湿度<60%的通风库房内。注意防潮、防虫，长期贮存特别要注意防虫。

2. 运输

防止受潮，防止与有毒、有害物质混装。

九、药材规格等级

统货。

十、药用食用价值

小茴香作为药用植物，其果实是重要的中药，味辛性温，具有散寒止痛、理气和胃的功效，常用于寒疝腹痛、睾丸偏坠、痛经、少腹冷痛、脘腹胀痛、食少吐泻、睾丸鞘膜积液等。同时药材中主要含脂肪油、挥发油、甾醇及糖苷、氨基酸、三萜、鞣质、黄酮、强心苷、生物碱、皂苷、香豆素、挥发性碱、蒽醌、有机酸等多种类型化合物，还具有抗炎镇痛、抗菌、驱风、抗氧化等作用。此外，小茴香精油还可作为调料品使用，又可用作食用和日用香料，可作为香精用于牙膏、牙粉、肥皂、香水、化妆品等。嫩叶可作蔬菜食用或作调味用。

本品为菊科植物两色金鸡菊*Coreopsis tinctoria* Nutt.的干燥花。又名昆仑雪菊。

一、植物特征

一年生草本，无毛。茎直立，上部有分枝。叶对生，下部及中部叶有长柄，二次羽状全裂，裂片线形或线状披针形，全缘；上部叶无柄或下延成翅状柄，线形。头状花序多数，有细长花序梗，排列成伞房或疏圆锥花序状。总苞半球形，总苞片外层较短，内层卵状长圆形，顶端尖。舌状花黄色，舌片倒卵形，管状花红褐色、狭钟形。瘦果长圆形或纺锤形，两面光滑或有瘤状突起，顶端有2细芒。花期5～9月，果期8～10月。（图1）

图1　两色金鸡菊

二、资源分布概况

原产自美国中北部、非洲南部以及夏威夷群岛等地，在我国新疆境内的海拔3000米以上昆仑山系也被发现，又称昆仑雪菊，是新疆地区与雪莲齐名、具有独特功效的稀有高寒植物。目前新疆和田地区广泛人工种植。

三、生长习性

雪菊属喜温凉型植物，适宜于温凉气候的环境生长。

四、栽培技术

（一）整地

雪菊人工栽培基地必须建立在海拔2200～3000米的地区，适宜疏松、肥沃、灌溉方便、排水良好的砂质土壤，pH值6.5～7.5。

秋耕与清地、施基肥密切配合。要求：耕深大于25厘米，深浅一致，耕行要直，耕后地表要平整，不漏耕。春播前若土壤墒情不足，应先灌水后再耙，播种前先深耕20厘米左右，旋耕耙平。

施肥：施充分腐熟的农家肥30～45吨/公顷，播种前撒匀翻入地内。

作畦：渠灌地须依据地势与地块大小打埂分畦，每畦不大于667平方米。滴灌地可不作畦。

（二）播种

清种，选择饱满、质量佳的种子进行播种。南疆地区3月中旬播种。

1. 种子直播

行距45～55厘米，播种量3～4.5千克/公顷，播深0.5厘米，播后适当镇压。

2. 育苗移栽

育苗：2月中旬至3月上旬播种。穴盘或大田育苗。种子处理：用50～60℃温水浸种30分钟，捞出晾干；播种量：穴盘育苗，每穴播种3～4粒种子；大田育苗，按行距20～25厘米播种，播种量为7.5～15千克/公顷；发芽温度：15～20℃；水分空气湿度：60%～70%；温度：控制温室温度为白天15～22℃，夜间10～14℃；光照控制：育苗地用草帘子或遮阳网来控制光照。阴天时将草帘或遮阳网全部拉起，给雪菊提供基本光照。炼苗幼苗生长4～5片真叶时，每天将草帘子或遮阳网适当揭开，通风，时间20天左右。

移栽：选择在阴天、早晨或傍晚进行移栽与定植。选择雪菊茎叶直立，长势旺盛、健壮的苗进行移栽，行距40～50厘米，穴距10～15厘米，每穴栽苗2～3株，盖土把根部压紧。在苗床上起苗时，可按行距40～50厘米、株距10～15厘米留苗。定植后及时喷水，移栽后2周内保持一定的湿度，成活后每穴定植1株。

（三）田间管理

间苗补苗：幼苗长至5厘米和10～15厘米时，间苗、补苗1次，最后按株距10～15厘米定苗。

除草：雪菊植株封垄前及时人工除草，禁止使用除草剂。危害较严重的菟丝子，必须连寄主苗一起割除，并清除出田。

灌溉：根据天气状况及土壤湿度，适时灌溉，土壤含水量控制到60%左右，并结合施肥同时进行；种子田，在开花之后仍需灌1～2次，种子灌浆后期停止灌溉。

施肥：结合浇水施入。复合肥150～225千克/公顷；亦可适当施腐熟农家肥，15～22.5吨/公顷，在距植株根部约10厘米开20厘米深沟。

摘心：开花前进行2次摘心。第1次苗高10厘米时进行；第1次摘心后，当侧枝长到5厘米长时，进行第2次打顶摘心。

五、病虫害防治

1. 立枯病

立枯病易在雪菊幼苗的中、后期发生。病部初为水渍状，继而呈暗绿色或出现黄褐色，凹陷变细，变黑枯死，呈立枯状，不倒伏。合理密植改善通风、光照条件，控制浇水，控制土壤湿度，不得过湿。可在播种前对种植地进行土壤消毒处理。幼苗发病时及时将发生病害的病苗拔除，带出田外深埋或烧毁。

2. 白粉病

白粉病发病期为7～8月，7月中旬为发病盛期。发病初期，叶面上出现灰白粉状霉层，严重时整个植株布满白粉层，植物逐渐萎缩枯死。发病期，用15%粉锈宁可湿粉剂喷雾防治。

3. 虫害

虫害主要有地老虎、金针虫、蚜虫。地老虎俗称土蚕、地蚕，属鳞翅目夜蛾科，主要咬食幼苗根茎部，造成幼苗死亡、田间缺苗。可在田间放置黑光灯或频振灯诱杀，或用80%敌百虫可溶性粉剂加少量水将药溶化与炒好的麦麸或棉籽饼或菜籽饼拌成毒饵，傍晚时撒在苗根附近借助毒饵诱杀；金针虫俗称叩头虫、土蚰蜒，属鞘翅目叩头虫科，可在其卵期或幼虫期，施用金针虫专用型白僵菌或成虫盛期可用敌百虫配液于傍晚喷雾；蚜虫又称腻虫或蜜虫等，可将被蚜虫栖居或虫卵潜伏过的残花、病枯枝叶，彻底清除，集中烧毁。若为少量蚜虫时，可利用瓢虫、草岭等天敌进行防治。若为大量蚜虫时，应及时采用药物防治。

六、采收加工

采收时间为5～9月。每5～7天采摘1次。采收方法是用手指捏住花托基部摘下，采收的花置于干净、无污染的竹筐或筛中，集中阴干或低温烘干。

七、地方标准

1. 药材性状

头状花序，类球形，直径2～4厘米，排列成伞房或疏圆锥花序状。总苞半球形，苞片2层，外苞片较内苞片短，卵形，长约3毫米，浅灰绿色至浅棕色。内层苞片长5～6毫米，卵状长圆形，基部楔形，先端渐尖，红棕色，边缘膜质，呈灰白色。中央为管状花，紫红褐色至棕褐色，花冠狭钟形，长4～5毫米，顶端5齿裂，聚药雄蕊，雌蕊柱头2等裂。舌状花单轮，舌片倒卵形，顶端具3齿，长8～15毫米，黄色或橙黄色，基部或中下部红褐色，常卷缩易脱落。（图2）

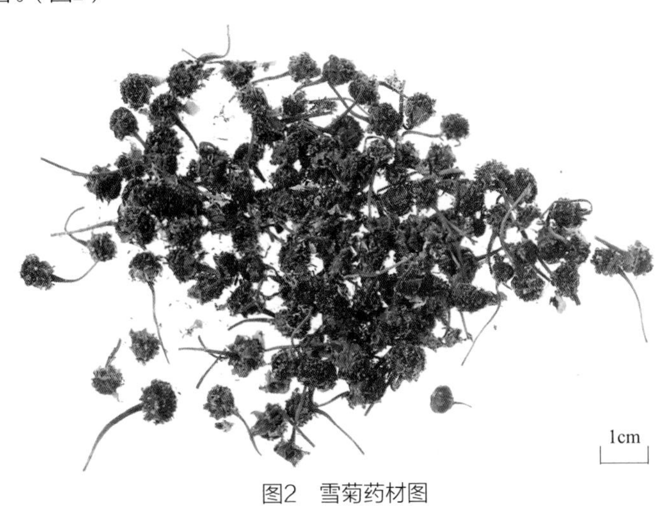

图2　雪菊药材图

2. 显微鉴别

（1）内外苞片　组织构造均与叶的特征相似。外苞片上、下表皮细胞各1列，外被有角质层；上表皮细胞小，下表皮细胞稍大；中间为薄壁组织，有维管束和淡黄色至棕红色的分泌道分布。内苞片组织构造与外苞片相似，下表皮上明显可见气孔。

（2）舌状花　上表皮细胞为细长的单细胞毛，下表皮细胞为乳头状突起的单细胞毛，且下表皮的单细胞毛比上表皮的明显小且数量多；中间为薄壁组织，有维管束和分泌道分布。

（3）粉末特征　粉末棕色，花粉粒黄色类球形，外壁较厚，具有多且尖锐的刺，直径20～30微米；纤维细长，直径5～20微米，壁微波状增厚，纹孔细点状，孔沟隐约可见；花冠表皮细胞表面观略延长，垂周壁，波状弯曲，侧面观可见乳头状突起的单细胞毛；花粉囊内壁细胞，延长，壁呈网状或条状增厚；花药基部细胞常数个成片，亮黄色，类方形，壁微厚；苞片表皮细胞形状不规则，垂周壁稍厚，波状弯曲；气孔不定式，椭圆形，直径约15微米，长约25微米，副卫细胞3～6 个；柱头碎片边缘细胞呈绒毛状突起；分泌道碎片淡黄色至棕红色，条形块或不规则，常位于导管群旁；导管主要为螺纹导管，直径5～25微米；非腺毛极长，多断裂扭曲，直径10～30微米；薄壁细胞种类较多，有的含黄或红色素。

八、仓储运输

1. 仓储

符合《国家中医药管理局中药饮片包装管理办法》（试行）、GB/T 6543—2008的要求。适宜贮藏于温度小于25℃，相对湿度小于60%的通风库房内。注意防潮、防虫，长期贮存特别要注意防虫。

2. 运输

防止受潮，防止与有毒、有害物质混装。

九、药材规格等级

统货。

十、药用食用价值

雪菊作为药茶两用植物，具有较高的营养保健价值，雪菊以干燥头状花序入药，以其全草入药治疗急慢性痢疾、目赤肿痛。具有清热解毒、活血化瘀、健脾胃、降血压、降血脂、调节血糖、抗衰老等功效。我国治疗糖尿病的名方“杞菊地黄丸”中含有雪菊，有记载可用雪菊治疗腹泻。现代研究表明，雪菊含有挥发油、黄酮类、酚酸类、多糖类、氨基酸、萜类化合物及微量元素等多种成分，具有抗氧化、抗炎、抗癌、抗菌、调节血糖血脂、降血压、缓解心绞痛等药理作用，在药品、食品、保健品以及化妆品等领域均得到广泛应用。

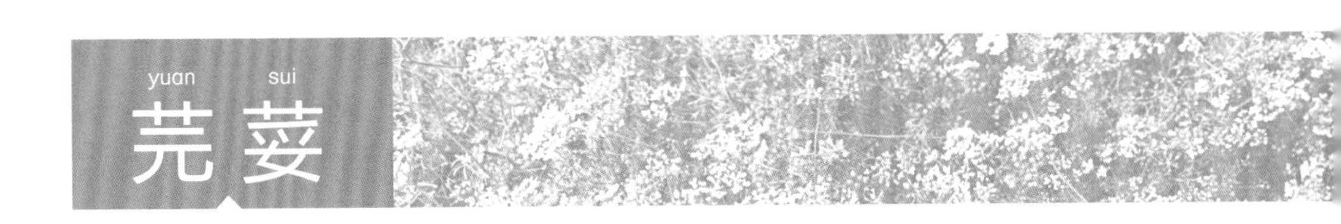

芫荽（yuan sui）

本品为伞形科植物芫荽*Coriandrum sativum* L.。别名胡荽、香菜、香荽，全草入药。

一、植物特征

一年生或二年生，有强烈气味的草本。根纺锤形，细长，有多数纤细的支根。茎圆柱形，直立，多分枝，有条纹，通常光滑。根生叶有柄；叶片1或2回羽状全裂，羽片广卵形或扇形半裂，边缘有钝锯齿、缺刻或深裂，上部的茎生叶3回以至多回羽状分裂，末回裂片狭线形，顶端钝，全缘。伞形花序顶生或与叶对生，花序梗长；伞辐3～7；小总苞片2～5，线形，全缘；小伞形花序有孕花3～9，花白色或带淡紫色；萼齿通常大小不等，小的卵状三角形，大的长卵形；花瓣倒卵形，顶端有内凹的小舌片，辐射瓣通常全缘，有3～5脉；花丝长，花药卵形；花柱幼时直立，果熟时向外反曲。果实圆球形，背面主棱及相邻的次棱明显。胚乳腹面内凹。油管不明显，或有1个位于次棱的下方。花果期4～11月。（图1）

图1　芫荽

二、资源分布概况

芫荽是一种古老的芳香蔬菜，原产于欧洲地中海地区，汉代时引入我国，现我国大部分省区均有栽培。

三、生长习性

芫荽喜冷凉、耐寒性强，能忍受-12～-8℃，发芽适温20～25℃，生长适温17～20℃。超过20℃，生长缓慢，且叶片和叶柄变淡紫色。高于30℃，植株易抽薹开花，品质下降。营养生长期既可度过酷暑，又能度过严寒。一般以阳光充足、雨水充沛、土壤肥沃、疏松的砂质壤土栽培为佳。

四、栽培技术

1. 选择品种

芫荽有大叶和小叶两个类型。大叶品种植株较高，叶片大，缺刻少而浅，香味淡，产量较高；小叶品种植株较矮，叶片小，缺刻深，香味浓，耐寒，适应性强，但产量较低，一般栽培多选小叶品种。

2. 整地施肥

选择土质肥沃、浇水排灌方便、通风良好的土壤栽培。667平方米施冷性有机肥料4000～4500千克或随耕翻每667平方米施入1500～2500千克腐熟好的农家肥，耙细整平做畦，一般畦宽1米，畦长依地形、水源而定，要有利种植管理，进而促进根系的吸收和植保的健壮生长。在芫荽播种前，每667平方米用50%扑草净可湿性粉剂100克，加水50～60千克喷施畦面杀草。沙性土壤杀草效果好，但药害也重，应减少用药量。

3. 种子处理

种子为半球形、外包着一层果皮。为了早出苗、出齐苗，播种前应先处理种子。播种前揉搓种子，将包在果皮内的两粒种子搓开，在清水中浸泡2～24小时，然后捞出控净水分，以果实呈半湿润状态为宜。将种子放于背阴处的苇席上催芽。催芽适温为15℃左右，催芽前期每天翻动1次，3～4天用清水淘洗1遍，7～10天可出芽，当有70%的种子出芽时即可播种。

4. 播种

通常采用撒播的方式，每667平方米用种1.5～2.0千克。将种子掺沙或草木灰拌匀，均匀撒播在浇足底水的田畦内，盖细土约2厘米厚，再盖上稻草，以减少土壤水分蒸发和降低土壤温度，有利于幼苗生长。次日早晚各浇水一次，随后几日内注意保持土壤湿润，直到出苗。一般播种后7天左右出苗。在播后及时查苗，如发现幼苗出土时有土壤板结现象时，要抓紧时间喷水松土，以助幼芽出土，促进迅速生长。

5. 田间管理

为了给芫荽创造松软舒适的生育环境和有利于生长发育的生活条件，达到温度适湿的管理，多次细致地中耕、松土、除草是关键。当幼苗长到3厘米左右时进行间苗定苗。一般整个生长期中耕、松土、除草2～3次。第一次多在幼苗顶土时，用轻型手扒锄或小耙子进行轻度破土皮松土，消除板结层。同时拔除早出土的杂草，以利幼苗出土茁壮生长。第二次于苗高2～3厘米时进行，而条播的可用小平锄适当深松土，结合拔除杂草。第三次是在苗高5～7厘米时进行。这样及早中耕、松土、除草，可促进幼苗旺盛生长。

待叶部封严地面以后，无论是条播或撒播，就不再中耕松土了，只是有目的地进行几次拔草。

肥水管理的原则是：不旱不浇，前期少浇，后期多浇；所以在其生长期间，追肥以氮肥为主（腐熟后的人畜粪尿、尿素）。待苗长至10厘米时，植株生长旺盛，应勤浇水，保持土壤表层湿润。尤其在开花结果期适度灌水、追肥，浇水的同时追施速效氮肥1～2次。

五、病虫害防治

1. 虫害

芫荽因本身具有特殊气味，病虫害相对较少。主要虫害由幼苗期的蚜虫引起，可适度用药物防治。

2. 病害

常见病害是早疫病，也称斑点病，必要时采用药物防治。

六、采收加工

采收植株：一般当植株高达10～15厘米时，即可采收、洗净、晒干。芫荽可一次性采收或分期采收。当芫荽植株达到商品性状时，可适时进行采收。分期采收可从基部掰取15～20厘米长的外叶，留取心叶以使其继续生长，这样可使芫荽的生长采收期延长。

采收种子：秋季，果实成熟后，割取地上部分晒干，敲打下干燥的果实，除去残枝、杂质。

七、地方标准

1. 药材性状

（1）茎叶　本品全长50～100厘米。残留根圆锥形，长4～8厘米，根头部有细密环节，下部有支根痕。茎圆形，直径1～4毫米，多分支，表面草黄色，下部茎颜色稍深，光滑，有纵条纹。叶多皱缩卷曲，有的叶片脱落，于节上残留叶柄鞘。顶部为复伞形花序梗，有少数果实残留。质松脆，断面白色不整齐。气清香，味微辛辣。

（2）果实　本品为双悬果，呈圆球形，直径3～5毫米。表面淡黄棕色至黄棕色，有较明显而纵直的次生棱脊10条及不甚明显而呈波浪形弯曲的初生棱脊10条，相间排列。顶端可见极短的柱头残迹及5个萼齿残痕，基部有长约15毫米的小果柄或果柄痕。悬果瓣腹面中央下凹，具3条纵行的棱线，中央较直，两侧呈弧形弯曲。质坚硬，用手揉碎，有特异浓烈香气，味微辣。（图2）

图2　芫荽果实药材图

2. 显微鉴别

（1）横切面

茎横切面：表皮细胞1列，扁平，外被角质层。皮层薄壁细胞数列，正对维管束处为厚角组织，厚角组织下方常可见油室，内皮层不明显。韧皮部狭窄。木质部导管周围多为木纤维。射线较宽，外侧为纤维细胞群，内侧为薄壁细胞，髓宽广。

悬果瓣横切面：外果皮为1列厚壁细胞，内含少量草酸钙方晶。中果皮的外层为数列薄壁细胞；中层为厚壁木化纤维层，纤维纵横交错排列；内层为2列具壁孔的木化细胞；中果皮的初生肋线处有细小维管束，合生面有油管2个。内果皮为1列略透明的镶嵌细胞。种皮为1列扁平薄壁细胞，内含暗棕色物质；合生面的内果皮与种皮之间有种脊维管束。胚乳半月形，细胞壁较厚，内含糊粉粒及细小草酸钙簇晶。

（2）粉末特征　粉末黄棕色。中果皮纤维极多，直径9～12微米，壁厚，常纵横交错排列成束或块状。内果皮细胞狭长，壁菲薄，常数个细胞为一组，以其长轴作不规则方向嵌列。油管碎片黄棕色或红棕色，分泌细胞表面呈多角形，含棕色分泌物。木化细胞多角形、壁厚、壁孔明显。内胚乳细胞类多角形，含众多草酸钙簇晶，直径3～9微米；油滴极多。

3. 检查

（1）水分　不得过13%。

（2）总灰分　不得过10%。

（3）酸不溶性灰分　不得过2.0%。

八、仓储运输

1. 仓储

符合《国家中医药管理局中药饮片包装管理办法》（试行）、GB/T 6543—2008的要求。短期贮藏于温度小于25℃、相对湿度小于60%的通风库房内。注意防潮、防虫，种子长期贮存在专门的低温贮藏柜中。

2. 运输

防止受潮，防止与有毒、有害物质混装。

九、药材规格等级

统货。

十、药用食用价值

中医认为芫荽性温味辛，入肺脾经，有发汗透疹、消食下气的功效，可用于治疗麻疹、消化不良、感冒风寒、流行性感冒、发热头痛、痢疾下血。维吾尔医认为芫荽具有生干生寒、调节异常血液质、清目安神、清热消肿、除脂消食、利尿消炎等功效，主治湿热性或血液质性疾病。此外，茎叶作蔬菜和调香料，并有健胃消食作用；种子含油约20%，芫荽的茎、叶、根和果实全株都可用于提取精油，芫荽精油可应用于食品、化工以及医药等行业。

yao sang
药桑

本品为桑科植物黑桑*Morus nigra* L.的干燥成熟果实。

一、植物特征

乔木；树皮暗褐色；小枝被淡褐色柔毛。叶广卵形至近心形，质厚，先端尖或短渐尖，基部心形，边缘具粗而相等的锯齿，通常不分裂，表面深绿色，粗糙，背面淡绿色，被短柔毛和绒毛；叶柄被柔毛；托叶膜质，披针形，被褐色柔毛。花雌雄异株或同株，花序被柔毛或绵毛；雄花序圆柱形；雌花序短椭圆形。聚花果短椭圆形，成熟时紫黑色，总花梗短，无明显花柱，柱头2裂，被柔毛。花期4月，果期4～5月。（图1）

图1　黑桑

二、资源分布概况

原产亚洲西部伊朗。主产于我国新疆吐鲁番及南疆的阿克苏、和田及喀什等地区，北疆伊利的察布察尔和新源县也有分布。阿克苏地区以库车县和新和县最多，是中国最大的药桑林；和田地区以和田市、和田县、于田县、墨玉县、策勒县、皮山县和洛浦县较多。喀什地区以叶城县和疏附县分布较多。此外在山东烟台、河北及华东地区也有栽培。

三、生长习性

药桑对土壤要求不高，在沙土、沙壤土、壤土、黏土上均能生长，甚至在砾质土上也能生长，但喜生于土壤深厚、肥沃、排水良好的沙壤土或壤土上，较耐盐碱。黑桑喜光性强，耐大气干旱，也较耐热，在年降水量几十毫米、蒸发量高达3000毫米以上、夏末气温高达40℃以上的南疆地区生长良好。喜温，适生于年平均气温8～10℃、最低气温为–25℃的暖温带或逆温带，低于–30℃以下时，幼枝常遭冻害，但并不影响林木的生长发育与结果。

四、栽培技术

（一）育苗移栽

1. 扦插育苗

硬枝扦插：选择充实健壮且没有病虫为害的当年生枝，剪成20厘米左右、有2～3个饱满芽的插穗，将其基部用0.5%高锰酸钾消毒后，每30～50个插穗1捆，用生根粉或吲哚丁酸溶液浸泡基部1～2分钟，然后放入28～32℃的温床中催根，当露出白色根尖后，转移到苗床即可。

绿枝扦插：将半木质化的新梢采下后去叶留柄，用NAA浸泡基部后立即插入苗床；或者将每个插穗顶部保留1片叶，其余叶片全部去掉，插入遮阴苗床即可。插床棚内温度高于30℃时，要及时喷水降温。一般25天左右生根，40天左右开始炼苗，60～70天可向外移栽。

2. 播种育苗

播种时间：当6～7厘米土层温度在15℃以上时，即可开始播种。

播种方法：有条播和散播，条播开宽5～7厘米、深2～3厘米的播种沟，沟距24～30厘米。播种时种子和细沙子拌入比例为1∶5。也可先催芽再播种，即种子浸清水中一昼夜或在室温40℃温水中浸1小时，滤干后置盆内，上盖湿布，每日冲清水1～2次，既保持湿润，又要盆底不见积水，待种子露白，拌入细沙即可播种。

覆土和盖草：为防止日晒雨冲，确保种子湿润，出苗齐全。撒种后先盖细土或焦泥灰至不见种子为度，沙质土需紧压，然后覆盖麦秆，厚度以略见泥土为度，盖草后全面浇水，使土壤湿润。

灌水施肥：播种后要经常保持土壤湿润，干燥时在傍晚灌水，水不高于畦面。施肥在疏苗后，即5月下旬每公顷施尿素27.5千克；苗高达到20厘米时，施尿素75千克；7月中旬施尿素120千克，旺盛期每半个月施肥1次，施到8月中旬。

3. 嫁接

药桑嫁接方法有枝接和芽接法，春夏两季均可嫁接。芽接可采取"T"字形芽接法，枝接可采取劈接和舌接法。

"T"字形芽接：在夏季5月中下旬进行。剪取接穗最好随采随接。接穗要去掉叶片，稍留一点叶柄。用芽接刀在枝条芽上方0.5～1厘米处横切一刀深达木质部，再从芽下方1厘米处向上平削至横切口处，少带些木质部，取下芽片，芽片呈盾形，将削好的芽片含在口中，在砧木上将树皮切成"T"字形切口，深达木质部，用芽接刀撬开树皮，插入芽片，芽片上切口与"T"形上切口对齐，然后用塑料条由上向下扎好，芽露外面即可。

劈接：春季砧木树液开始流动时进行枝接。每个接穗长7～8厘米、带2～3个饱满芽，然后用嫁接刀把接穗基部两侧削成3厘米长的楔形，楔形尖端不必很尖，接穗外侧要比内侧稍厚。然后在砧木地上部分4厘米处断砧，用嫁接刀从砧木的横断面中心垂直向下劈开3厘米，然后把削好的接穗削面稍厚的一侧朝外，插入砧木劈口中，使二者形成层对齐，绑扎即可，此方法虽然浪费接穗材料，但成活率较高，可达80%～85%。

舌接：当砧木与接穗粗度相差不大时可采用此方法。在接穗基部芽的同侧削成一马耳形削面，长约3厘米，然后在削面尖端三分之一处下刀，与削面接近平行切入一刀（不要垂直切入），砧木同样切削。然后将2个削面合在一起，若接穗和砧木粗度不一致，则插合时一边对齐。然后立即用薄膜将接口与接穗一同绑扎结实，不要透气。

（二）定植

栽植时间：落叶后至萌芽前均可栽植，秋季栽植，必须采取安全越冬措施。

苗木准备：起苗后用生根粉溶液浸根3～5分钟，提高苗木的成活率，促进苗木生长。

定植方法：以南北行向为主，土质好按行株距3米×3米栽植，砾石土壤或沙壤土按行株距3米×2米栽植。挖直径60厘米、深50厘米的定植坑，浇透水，踏实。栽植深度以苗木根颈部与地面相平为宜，栽植时必须遵守“三埋两踩一提苗”，保证苗正、根展、行对齐、株对齐。

定植后管理：苗栽植后立即灌水，10天内灌第2次水，把沟内的余土清出沟外并整平，把苗扶正，坑填平。有条件的用宽10厘米、长60～70厘米的塑料保湿袋，将苗木逐一套好。此后每隔15～20天灌水1次，以提高苗木成活率，苗长出新芽后揭掉保湿袋。开花结果期，为使幼果迅速膨大，每公顷施氮磷钾复合肥225～300千克。此后，喷施磷酸二氢钾等根外施肥，以提高果实含糖量和色泽。

（三）整形修剪

桑树最好采用中干养成法修剪树形，具体操作：春季桑树栽植后，在苗木距地面40～50厘米处平剪，以培养主干。6月初，对生长健壮的枝条留15～20厘米平剪，促发侧芽。第2年春桑树发芽前，每株留2～3个位置均匀、健壮的枝条，每个枝条留15～20厘米平剪，以培养支干，其余疏去。发芽后每个支干选留2～3个新梢，其余疏去。在确定树干高度及密度后，结合缓放、回缩、疏枝等技术调整树冠大小。

五、病虫害防治

药桑常见病虫害为天牛、介壳虫、茶翅蝽、春尺蠖及腐烂病等。农业防治：合理整枝修剪，增强树势；结果树严格控制大小年，加强肥水管理。秋季增施基肥，树干涂白防寒；结合秋冬季修剪及时清除枯死枝干，对病斑部位重刮皮，并集中烧毁，并在树干绑膜、树干涂黏油，阻止成虫上树产卵。有条件时可以在果园内挂杀虫灯诱杀成虫，效果较好。必要时采用药物防治，喷药前，应先刮除枝干的粗皮。

六、采收加工

于夏季5～6月间果实近成熟时，桑葚发红时采摘，或树下放布单摇下，拣拾后晒干；贮于阴凉干燥处，防虫保管。

七、地方标准

1. 药材性状

药桑果序呈卵形或长圆形，鲜时初为红色，随着成熟后期而变为红紫色，具光泽，干后呈暗棕色至紫黑色，肉较厚，味较前者酸而适佳。二者在放大镜下观察可见被片被有白色蜡质样绢毛。以个大、肉厚、紫黑色、糖性大、完整无杂质者为佳。（图2）

图2　药桑药材图

2. 显微鉴别

果实横切面　宿存花被片4枚，包于果实外周，薄厚不均的带状，表皮细胞外壁角质样增厚，部分内表皮细胞含淡灰褐色钟乳体，有时可见表皮细胞的小突起状毛；薄壁细胞呈类圆形或类椭圆形，挤压皱缩，有的细胞界限模糊，含黄棕色块状物、淡黄色结晶状物及草酸钙簇晶。外果皮为1列类方形或长方形的薄壁细胞，细胞侧壁呈波状，外被角质层；中果皮为数列多角形颓废细胞组成，最内1列细胞较大，呈切线延长，内含黄棕色物质，形成黄棕色环带，在果脊处各分布一维管束；内果皮紧贴于中果皮，胞腔狭小或呈方形及长方形，细胞壁具众多纹孔。种皮细胞棕黄至棕红色，细胞呈切向延长，胚乳细胞含多角形小糊粉粒。子叶细胞与胚乳细胞类似，含糊粉粒较多。

3. 检查

（1）水分　不得过18%。

（2）总灰分　不得过12%。

4. 浸出物

85%乙醇浸出物不得少于15%。

八、仓储运输

1. 仓储

药材干品按商品要求规格用箱装，须防压，包装应挂标签，标明品名、重量、规格、产地、批号和商标等内容。存放于阴凉干燥处，注意防潮、防虫，长期贮存特别要注意防虫。

2. 运输

需要防止受潮，防止与有毒、有害物质混装。

九、药材规格等级

统货。

十、药用食用价值

现代研究表明，药桑含有黄酮类、多糖类、生物碱、二苯乙烯及苯并呋喃类化合物、脂肪酸、氨基酸等多种成分，具有降血糖血脂、抗肿瘤、抗氧化、消炎等功效，在食品和药品领域的应用前景极为广泛。桑叶可以饲蚕；椹果成熟味甜可食，在新疆用以制果汁。

一枝蒿

yi zhi hao

本品为菊科植物岩蒿*Artemisia rupestris* L.的干燥全草。

一、植物特征

多年生草本。根状茎木质，常横卧或斜向上，具多数营养枝，营养枝略短，密生多数营养叶。茎通常多数，稀少数或单一，直立或斜向上，褐色或红褐色，下部半木质化，初时微有短柔毛，后脱落无毛，上部密生灰白色短柔毛；不分枝或茎上部有少数短的分枝。叶薄纸质，初时叶两面被灰白色短柔毛，后脱落无毛；茎下部与营养枝上叶有短柄，中部叶无柄，叶卵状椭圆形或长圆形，二回羽状全裂，每侧具裂片5～7枚，上半部裂片常再次羽状全裂或3出全裂，下半部裂片通常不再分裂，基部小裂片半抱茎，小裂片短小，栉齿状的线状披针形或线形，先端常有短的硬尖头；上部叶与苞片叶羽状全裂或3全裂。头状花序半球形或近球形，具短梗或近无梗，下垂或斜展，基部常有羽状分裂的小苞叶，在茎上排成穗状花序或近于总状花序，稀由于茎上部有短的分枝，而头状花序在茎上排成狭窄的穗状花序状的圆锥花序；总苞片3～4层，外层、中层总苞片长卵形、长椭圆形或卵状椭圆形，背面有短柔毛，边缘膜质，撕裂状，内层总苞片椭圆形，膜质；花序托凸起，半球形，具灰白色托毛；雌花1层，8～16朵，花冠近瓶状或狭圆锥状，檐部具3～4裂齿，内面常有退化雄蕊的花丝痕迹，花柱略伸出花冠外，先端分叉略长，叉端钝尖；两性花5～6层，30～70朵，花冠管状，花药线形，先端附属物尖，长三角形，基部圆钝，花柱与花冠等长，先端分叉，叉端截形。瘦果长圆形或长圆状卵形，顶端常有不对称的膜质冠状边缘。花果期7～10月。（图1）

图1　岩蒿

二、资源分布概况

主产新疆；分布于海拔1100～2900米地区的干山坡、荒漠草原、半荒漠草原、草甸、冲积平原及干河谷地带，也见于林中空地或灌丛中。蒙古及北欧各国等也有分布。

三、生长习性

一枝蒿耐严寒、耐贫瘠、怕干旱，适应性强。土地肥沃，生长环境适宜时，一枝蒿生长发育良好，植株高可达20～50厘米。高原地区气候条件比较差，土地贫瘠，水分保持能力弱，植株发育受抑制，一般仅有5～15厘米。

四、栽培技术

1. 选种

采种：根据野生一枝蒿生长状况，在8月适时收集成熟果实。选择生长健壮、花果饱满、无病虫害的单株植株，将其头状花序用手捋下，放入干净的布袋中。避风晾干，筛选出粒大饱满的果实做种子。

种子处理：将选好的种子用25～35℃的清水浸泡2～3小时，让种子充分吸附水分后捞出控去余水，放进浸湿的无菌布袋中，在25～30℃的温度下催芽，1～5天种子陆续发芽，等有70%～80%的种子发芽时，即取出准备播种。

2. 选地整地

选择地势较为平坦、开阔，排水良好，土壤疏松，腐殖质含量高的中性土壤。也可选择种过马铃薯、小麦、油菜等作物的田地。选好地之后，施入腐熟的厩肥，每公顷15吨左右，耕翻土壤深25～30厘米备用。根据当地农田杂草类型，在进行整地的同时可进行土壤封闭处理。

3. 播种育苗

在选好、耕翻好的地中施足底肥，灌水一次，整平，开沟或做畦。如沟播，沟宽3～5

厘米，沟深不超过1.5厘米，沟距以25～30厘米为宜，沟长和沟向根据地形条件而定。如做畦，畦宽150厘米，畦长依据地形而定，要便于浇水。取干净、无菌的细河沙适量，与处理好的种子拌匀，在拌的过程中动作要轻，尽量减少对发芽种子的破坏。播种量按每公顷7.5～9千克进行沟播或撒播播种。如采用撒播方式，种子撒在畦面上，再铺一层1厘米左右的细土覆盖。播完种之后，用塑料薄膜或干净麦草覆盖10～15天，幼苗出土后揭去塑料薄膜或麦草。

4. 移栽育苗

秋季移栽育苗多采用垄栽方式，一般土垄高10～15厘米，株距20～25厘米，行距30厘米左右，选择阴天或下午进行移栽作业，栽苗深度以5厘米左右为宜。栽苗后即可浇水，不可猛水漫灌。移栽一周后，即有新叶萌发，检查一次移栽成活情况，及时进行补栽。

5. 田间管理

播种幼苗出土后，根据土壤墒情适时进行喷水，15天之后除第一次杂草，此时幼苗根系嫩弱，扎入土壤不深，除草、松土时要小心，尽量不伤幼苗根系和植株。在幼苗的整个生长期，根据生长情况，一般需除草5～7次，松土2～3次。幼苗长到15厘米时便可以起苗进行大田移栽，移栽前浇一次透水，以方便起苗。如在贫瘠土地上育苗栽培，在管理中可追施一定量的氮肥，以促进幼苗的生长发育。一枝蒿极耐严寒，冬季能在–20～–30℃的积雪下存活，第二年开春积雪未消融便已开始生长，4月中旬气温上升，植株生长迅速，6～7月为生长旺期，7～8月开花，可进行采收。

五、病虫害防治

一枝蒿具有较强的抗虫性、抗病性，在栽培过程中一般不发生病虫害现象。在土壤肥沃的土地上生长茂盛，遇大风和大雨天气有倒伏现象，需在栽植密度上进行进一步的研究。一枝蒿极耐严寒，耐贫瘠，适应性强，在生长过程中不需要特殊的抚育管理措施，也不需要特别保护就能在露地越冬。一般家畜喜食一枝蒿，种植地要安排专人看护或设置围栏保护。

六、采收加工

夏季晴天采收，割取地上部分，除掉泥土和其他杂草，捆成小捆，置通风好的凉棚下阴干或切段晒干。

七、地方标准

1. 药材性状

药材长 10～50厘米。根及根茎圆柱形，土黄色至灰褐色，常带少数短须根，断面浅黄色。茎单一或数个，于根茎处弯曲，直径1.5～3毫米，幼枝和花枝上部密被短绒毛，老枝或枝的下部光滑，有不显著的细纵条纹，表面常为紫红色，断面白色，中空。叶多卷曲、破碎或脱落，完整者，基生叶为二回羽状深裂，终裂片狭披针形，具柄；茎叶互生，向上渐小，羽裂或不裂，被疏绒毛。头状花序半球形，生于叶腋或枝端集成总状狭圆锥花丛；头状花序总苞片3～4层，外层条形，绿色，内层卵形，边缘略带棕色；管状花黄边，边花1列，雌性，内为两性花；托毛白色。全草具特异芳香，味微苦。（图2）

图2　一枝蒿药材图

2. 显微鉴别

（1）茎横切面　表皮细胞1列，类矩形，呈切向延长；外被角质层；并生有丁字形或叉状非腺毛：皮层细胞3～7列，内皮层细胞较大，凯氏带明显。在茎的棱脊处常有外韧型维管束，韧皮部外侧有柱鞘纤维群，本质部导管排列较紧密。髓部细胞较大，壁多木化，有的具纹孔，中央为空腔。

（2）粉末特征　呈黄绿色，非腺毛丁字形、叉状和不分枝。长30～1000微米，直径10～20微米；托毛长可达1200微米，直径20～50微米，有的具网状纹理；腺毛呈椭圆形、类圆形，头部由6～10个细胞组成，常排列为2列，长38～60微米，直径30～50微米。气孔不定式直径22～29微米，副卫细胞常3～4个。花粉粒类球形，直径23～30微米，具3个萌发孔，边缘呈小刺状突起。木纤维薄壁细胞有纹孔。木栓细胞类方形或类长方形及多角形，淡黄色。孔纹和螺纹导管多见。

八、仓储运输

1. 仓储

符合《国家中医药管理局中药饮片包装管理办法》（试行）、GB/T 6543—2008的要求。适宜贮藏于温度小于25℃，相对湿度小于60%的通风库房内。注意防潮、防虫，长期贮存特别要注意防虫。

2. 运输

防止受潮，防止与有毒、有害物质混装。

九、药材规格等级

统货。

十、药用食用价值

《维吾尔药志》中记载一枝蒿具有清热解毒、消食健胃、保肝利胆、抗过敏、抗菌、散瘀消肿、解蛇毒等功效，临床上常用于治疗感冒、消化不良、肝炎、荨麻疹、咽炎、扁桃体炎、毒蛇咬伤、过敏性疾病等，在抗流感病毒和抗肝炎方面疗效显著。现代研究表明，一枝蒿含有倍半萜类、黄酮类、有机酸类、香豆素类、生物碱类、氨基酸类、苷类、多糖类和挥发油类等多种成分，具有抗流感病毒、抗乙肝病毒及保肝、抑菌、抗炎、抗氧化、抗过敏等作用。

zi ran

孜然

本品为伞形科植物孜然芹*Cuminum cyminum* L.的干燥成熟果实。

一、植物特征

一年生或二年生草本，全株（除果实外）光滑无毛。叶柄近无柄，有狭披针形的鞘；叶片三出式二回羽状全裂，末回裂片狭线形。复伞形花序多数，多呈二歧式分枝，伞形花序；总苞片3～6，线形或线状披针形，边缘膜质，白色，顶端有长芒状的刺，有时3深裂，不等长，反折；伞辐3～5，不等长。小伞形花序通常有7花，小总苞片3～5，与总苞片相似，顶端针芒状，反折，较小；花瓣粉红或白色，长圆形，顶端微缺，有内折的小舌片；萼齿钻形，长超过花柱；花柱基圆锥状，花柱短，叉开，柱头头状。分生果长圆形，两端狭窄，密被白色刚毛；每棱槽内油管1，合生面油管2，胚乳腹面微凹。花期4月，果期5月。（图1）

图1　孜然芹

二、资源分布概况

孜然原产埃及、埃塞俄比亚，原苏联及地中海地区、伊朗、印度和北美地区有栽培。我国主产于新疆的吐鲁番、哈密、阿克苏、喀什、和田等地。

三、生长习性

喜潮湿凉爽气候，对土壤要求不严，但以疏松、湿润、富含腐殖质的砂质壤土为佳。

四、栽培技术

1. 整地施肥

选择防涝地块，一般选择脱盐彻底的沙壤土。忌重茬、迎茬，前茬以小麦、蔬菜、瓜类或棉花为宜。前作收获后，及时耕翻平整土地，灌足底墒水，铲高垫低，精心耙平，镇压保墒。

孜然耐瘠薄，忌高水肥。播前结合整地施有机肥22.5吨/公顷、稀土磷肥600千克/公顷、磷酸二铵75～120千克/公顷。并在无风的条件下施用土壤封闭除草剂，及时耙耱，使药土混合均匀，耙地深5～6厘米，耙地后耱平地表，7天后播种。

2. 种子处理

精选籽粒饱满、色泽鲜亮、无病虫的孜然种子，于播种前用多菌灵进行拌种。

3. 适期播种

播种宜早不宜迟。孜然播种时间为3月中下旬，套种作物红花、茴香、油葵、玉米等在孜然显行时或苗期播种；最晚不得迟于5月上旬，否则套种作物有可能不能正常成熟。

播种方式可以根据地形和土壤状态来决定：3月中下旬用22.5千克/公顷左右的孜然种子在无风的条件下人工均匀交叉撒播两遍，将种子撒在地表，然后在种子表面覆盖1～2厘米厚的细沙；也可将细沙均匀撒开用播种机浅播，行距15厘米，播深1～2厘米，播后耱平地表，待孜然显行或进入苗期分别将套种作物红花、茴香、油葵等按套种模式进行点种。

播种后，如果是秋沙地，及时灌上安种水。如果是冬水地，墒情充足，可以不灌水。出苗后2叶期灌头水，水要足量，如果灌后2～3小时田间无积水为合适。

4. 田间管理

（1）定苗间苗　待孜然幼苗长出3～4片的时候就可以定苗、间苗了。建议667平方米保留8万～10万株，保持田间均匀分布为宜，并及时拔除田间杂草。孜然出苗期应及时破除板结，以利出苗；套种作物点种显行前要及时对孜然查苗、补苗，补苗采用催芽的方法，防止形成大小苗；苗全后及时间苗，以增加通风透光能力，定苗时，去弱留壮，去小留大，每穴留1～2株。

（2）合理追肥　在苗后花前，喷施叶面肥，促进植株生长健壮，增强抗逆性。5月中下旬结合灌头水每667平方米追施硝铵5～8千克，开花后叶面分别喷施磷酸二氢钾1～2次、硼肥1～2次。

（3）防除杂草　杂草是影响孜然及套种作物产量高低的主要因素，除进行土壤封闭处理外，在间苗、定苗的过程中要及时拔除杂草，除小除早。孜然收获后要及时铲除田间杂草，促进套种作物生长发育。

五、病虫害防治

1. 病害

孜然芹的主要病害是立枯病，从出苗到收获整个生育期均可发病，一般苗期发病率较低，开花期、灌浆期发病率较高。病菌主要浸染植物根部、茎基部，受害初期植株叶片萎蔫下垂，类似缺水状，根尖或茎基部变为黄褐色，3～5日后地上部变黄、干枯，根部变褐直立不倒伏。潮湿时，病组织表皮呈水渍状软腐，有白色霉层。

防病措施：一是农业措施，播前增施有机肥、磷肥，选用良种、降低密度、轮作倒茬、中耕耙苗、适量灌水等；二是拔除病株。对田间零星病株应及时拔除，防止病害传播蔓延。三是药剂防治，播前用多菌灵或百菌清药剂拌种、包衣、土壤处理等。

2. 主要虫害

孜然自身有特殊香味，虫害较少。套种后随套种作物容易发生蚜虫、小菜蛾、菜青虫等虫害，必要时进行药物防治。

六、采收加工

孜然一般在7月中旬大部分枝叶发黄、籽粒饱满时收获，随熟随收，收获时连根拔起，存放在通风处晾干、脱粒，去杂，留取果实备用。孜然收获后根据套种作物成熟情况或用途及时收获。

七、地方标准

1. 药材性状

果实细卵状长圆形，两端稍弯，略呈半月形，灰黄绿色、灰黄色或灰绿色。分果具5条纵棱，具众多短毛。两侧稍扁压，长3～6毫米，直径1～1.5毫米，合面内凹，果棱5，主棱与副棱同形，侧间有短硬毛。花萼柱头宿存，锥状。气特异芳香，味微辛麻。（图2）

图2　孜然药材图

2. 显微鉴别

（1）横切面　棱间油管各1条，结合面2条，共6条油管。

（2）粉末特征　棕黄色。单细胞头或多细胞头、多细胞柄组成的短刺毛，长45～200微米，表皮细胞棕黄色，油管碎片较大，圆筒状；网状细胞椭圆形，纤维梭形，直径5～10微米；胚乳细胞中含众多油滴、淀粉粒和少数方晶，小腺毛长5～20微米，呈黄棕色。

八、仓储运输

1. 仓储

按国家标准GB/T 22267—2008整孜然的技术要求、试验方法、包装和标志。孜然种子常温保存即可，长期保存需置于低温保存设备中。孜然粉要用容器密封保存，需注意保持环境干燥。

2. 运输

防止受潮，防止与有毒、有害物质混装。

九、药材规格等级

统货。

十、药用食用价值

孜然主要含有挥发油、黄酮类、油树脂和氨基酸、蛋白质、香豆素等多种营养物质，具有较高的药用价值，具有降脂肪、抗血小板、抗癌和提高免疫力、降血糖、抗菌等功效。此外，孜然在杀虫、防腐、抑菌等农用活性方面的开发应用前景较为广阔。在我国新疆维吾尔族和哈萨克族民间，将果实研末，用作食品中的调料，果实也可入药，治消化不良和胃寒腹痛。

参考文献

[1] 中国科学院中国植物志编辑委员会. 中国植物志[M]. 北京：科学出版社，1999.

[2] 新疆植物志编辑委员会. 新疆植物志[M]. 乌鲁木齐：新疆科技卫生出版社，1999.

[3] 齐磊，罗琼枝，戴待，等. 雪菊性状特征与质量相关性研究[J]. 中国现代中药，2017，19（8）：1126-1129.

[4] 毛居代·亚尔买买提. 黑种草属植物的开发利用前景[J]. 新疆师范大学学报（自然科学学版），2011，30（1）：37-41.

[5] 国光，红艳，王秀兰，等. 蒙药材黑种草生长规律的研究[J]. 中国民族医药杂志，2018，24（10）：63–65.
[6] 吕云熙，于蓉，冯志红. 小茴香点播栽培技术[J]. 宁夏农林科技，2014，55（04）：5–8.
[7] 国家中医药管理局《中华本草》编委会. 中华本草[M]. 上海：上海科学技术出版社，1999.
[8] 刘勇民. 维吾尔药志[M]. 乌鲁木齐：新疆科技卫生出版社，1999.
[9] 何江，徐芳，陈燕，等. 维吾尔药材黄皮柳花与其混淆品黄皮柳花的鉴别研究[J]. 时珍国医国药，2010，21（8）：1997–1998.
[10] 冯连芬，吕芳德，张亚萍，等. 我国核桃育种及其栽培技术研究进展[J]. 经济林研究，2006，24（2）：73–77.
[11] NY/T 2330—2013农作物种质资源鉴定评价技术规范核桃[S]. 中国：中华人民共和国农业部，2013.
[12] BD 65/2038—2003核桃苗木[S]. 新疆：新疆林业，2004.
[13] 汤睿，刘静波，刘劲，等. 中国核桃嫁接繁殖技术研究进展[J]. 农学学报，2017，7（8）：60–65.
[14] LY/T 2131—2013山核桃生产技术规程[S]. 中国：国家林业局，2013.
[15] DB 52/T1139—2016泡核桃丰产栽培技术规程[S]. 贵州：贵州省质量技术监管局，2016.
[16] 徐晓娜. 核桃栽培技术[J]. 现代农业科技，2015，（02）：101+112.
[17] 王根宪，魏耀峰. 核桃采收及果实采后处理技术[J]. 现代园艺，2009（10）：48–49.
[18] DB 52/T1141—2016核桃采收技术规范[S]. 贵州：贵州省质量技术监管局，2016.
[19] LY/T 1922—2010核桃仁[S]. 中国：国家林业局，2010.
[20] 刘丽，郭俊英，薛华柏，等. 中国石榴栽培历史、生产与科研现状及产业化方向：中国石榴研究进展（一）[C]，2010–09–17.
[21] 王斌. 石榴栽培技术[J]. 安徽农学通报（上半月刊），2012（5）：10.
[22] 孙永民. 和田玫瑰种植产业发展现状分析[J]. 新疆农业科技，2014（3）：36–37.
[23] 程文娟. 玫瑰种植研究[J]. 农业技术与装备，2008（6）：42–43.
[24] 马艳敏. 刍议玫瑰种植与注意事项[J]. 北京农业，2015（15）：85.
[25] 柴德美. 定陶玫瑰种植气象条件分析[J]. 现代农业科技，2016（2）：249，251.
[26] 赵晓峰，吴荣书. 玫瑰花综合利用与其开发前景[J]. 保鲜与加工，2004，4（3）：30–31.
[27] 周长安. 平阴玫瑰育苗及整枝修剪方法[J]. 林果花草，2006（12）：20–21.